高分子化学综合实验

宋荣君　李加民　主编

科学出版社

北京

内 容 简 介

本书首先介绍高分子化学实验的基础知识,主要内容包括实验室安全与防护、实验基本操作与技巧。第二部分为高分子化学基础实验,共 5 章 45 个实验,按照自由基型聚合、离子型聚合、开环型聚合、逐步反应型聚合反应进行分类,除介绍传统聚合反应外,还编写了新的聚合反应,如自由基可控/活性聚合、基团转移聚合等,并集中一章介绍高分子参与的各种化学反应。最后一部分为编者自行设计的高分子化学综合型实验,主要包括传统的淀粉基高吸水性树脂的制备实验,阻燃材料、高分子膜材料和木塑复合材料等综合实验,以提高学生的创新设计能力。

本书可作为高等学校高分子材料与工程、化学、应用化学等相关专业本科生的实验教材,也可供从事高分子材料研究的专业技术人员参考。

图书在版编目(CIP)数据

高分子化学综合实验/宋荣君,李加民主编. —北京:科学出版社,2017.3
ISBN 978-7-03-052138-5

Ⅰ. ①高… Ⅱ. ①宋… ②李… Ⅲ. ①高分子化学–化学实验
Ⅳ. ①O631.6

中国版本图书馆 CIP 数据核字(2017)第 047188 号

责任编辑:陈雅娴 高 微 / 责任校对:彭珍珍
责任印制:张 伟 / 封面设计:陈 敬

科 学 出 版 社 出版
北京东黄城根北街 16 号
邮政编码:100717
http://www.sciencep.com
北京中石油彩色印刷有限责任公司 印刷
科学出版社发行 各地新华书店经销

*

2017 年 3 月第 一 版 开本:720×1000 B5
2022 年 1 月第三次印刷 印张:13 1/4
字数:257 000
定价:38.00 元
(如有印装质量问题,我社负责调换)

前　　言

作为一名多年从事高分子实验教学的高校教师，编者感到目前的很多高分子实验教材已经不能满足社会生产的实际需要和学生对知识的全面需求。因此，编著一本全面、综合的高分子化学实验教材已成为高分子教育教学的迫切需求。

本书覆盖面广、知识点全面，内容编排循序渐进。首先让学生了解实验室安全与防护的基本知识，掌握相应的实验技能。其次是基础实验部分，包含了典型的自由基聚合实验、阳离子聚合实验、阴离子聚合实验，并按照聚合方法进行设计安排。除传统高分子聚合外，本书还介绍了新型的高分子聚合类型，如自由基可控/活性聚合、基团转移聚合等。在基本高分子聚合实验基础上，结合实际需要还编排了各种高分子参与的化学反应实验，让学生了解其在实际生产中的重要性。

为体现全面综合的特点，编者结合本校高分子教师的专业研究特色自行设计编排了一些高分子综合设计实验。这些实验内容要求学生有较扎实的高分子化学基础，目的是培养学生的创新性思维。通过这些实验的学习，学生更加容易将理论知识与社会的生产实际相结合，更加快速地融入更进一步的学习中。

本书第1章、第4章～第6章由李加民编写，第2章、第3章、第7章和第8章由宋荣君编写。在本书的编写过程中，得到了本校同事的大力支持，在此表示感谢。

由于编者水平有限，书中难免存在疏漏或不足之处，恳请读者指正。

编　者

2016 年 12 月

目　　录

第1章 实验基础知识

1.1 高分子化学实验课程目的及要求

高分子化学实验是化学学科的一门重要基础课程，是化学专业学生必修的一门独立的实验课程。通过实验课程训练，学生巩固并加深对高分子化学课程的基本原理和概念的理解，掌握高分子化学实验的基本方法，了解近代大型仪器的性能及在高分子化学与物理中的应用，了解计算机控制实验条件、采集实验数据和进行数据处理的基本知识；培养动手能力、观察能力、查阅文献的能力、思维创新能力、表达能力和归纳处理、分析实验数据及撰写科学报告的能力，从而培养求真求实的态度，具有独立工作的能力和初步的科研能力；培养创新精神，提高综合科研素质。

1.1.1 高分子化学实验课的主要目的

（1）掌握高分子化学实验的基本研究方法，通过实验手段熟悉高聚物的合成和结构表征，理解高聚物化学性质与结构之间的关系，学会重要的高分子化学实验技术和基本实验仪器的使用。

（2）掌握实验数据的处理及实验结果的分析和归纳方法，从而加深对高分子化学基础知识和基本原理的理解，增强解决实际化学问题的能力。

（3）注重实验技能的培养和特殊实验操作的训练，对学生进行实验工作的综合训练，培养基本的科研素质、实事求是的工作作风和严谨的科学态度。高分子化学实验课的基本任务是通过严格、定量的实验，研究聚合物的合成及其物理化学性质、化学反应规律，使学生既具有坚实的实验基础，又具有初步的科学研究能力，实现由学习知识、技能到进行科学研究的初步转变，成为高素质的专门人才。

1.1.2 高分子化学实验课的学习要求

高分子化学实验是一门独立的课程，具有自然科学的特征，要求实验者以实事求是的态度对待实验中的每个环节，具体来说在下面三个阶段分别有不同的要求。

1. 预习阶段

实验预习与否会直接影响实验的效果。实验前应仔细阅读实验内容，了解实验目的及要求，提交完整的预习报告。预习报告包括实验的原理、可能用到的试剂和仪器、所用药品的性质及配制方法、操作步骤和关键点、实验操作的次序和注意点、数据记录的格式，以及预习中产生的疑难问题等。指导教师应检查学生的预习报告，进行必要的提问，并解答疑难问题。学生达到预习要求后才能进行实验。

预习报告的书写应简明扼要，操作步骤可根据实验内容用框图、箭头或表格的形式表示，允许使用化学符号简化文字，并留出适当空白画实验装置和记录实验现象。

2. 实验操作阶段

高分子化学实验一般需要很长时间，实验过程中需要仔细操作、认真观察和真实记录，做到以下几点。

（1）认真听指导教师的讲解，进一步明确实验过程、操作要点和注意事项。

（2）安装实验装置，加入化学试剂并调节实验条件，按照拟定的步骤进行实验，既要细心又要大胆操作，如实记录化学试剂的加入量和实验条件。

（3）认真观察实验过程中发生的现象，获得实验必需的数据（如反应时间、馏分的沸点等），并如实记录到实验报告本上。

（4）实验过程中应勤于思考，认真分析实验现象和相关数据，并与理论结果相比较。遇到疑难问题，及时向实验指导教师和他人请教。发现实验结果与理论结果不符，仔细查阅实验记录，分析原因。

（5）实验结束，拆除实验装置，清理实验台面，清洗玻璃仪器和处置废弃化学试剂。

（6）经指导教师查阅实验记录后，才可离开实验室。

（7）整个实验过程中保持严谨求实的科学态度、团结互助的合作精神，积极主动地探求科学规律。

3. 报告总结阶段

实验结束后，必须将原始记录交指导教师签名，然后正确处理数据，写出实验报告。实验报告应包括实验题目、实验人员、日期、实验的目的要求、实验原理、实验仪器、实验条件、具体操作方法、数据处理、结果讨论及参考资料等。其中结果讨论是实验报告的重要部分，教师应引导学生通过这一部分反映实验的心得体会及对实验结果和实验现象的分析、归纳和解释，鼓励学生对该实验进一步设想。实验结束后，需尽快整理实验数据和记录，并撰写实验报告。实验报告用报告纸书写，多人合作的实验应单独撰写实验报告，独立分析实验结果及讨论。

1.2　实验室安全与防护

圆满地完成高分子化学实验，不仅要顺利地获得预期产物并对其结构进行表征，更为重要的是避免安全事故的发生。进入实验室首先要了解实验室的安全与防护知识，这是顺利进行高分子化学实验的重要保证。要遵守实验室安全总则和高分子化学实验室安全守则，正确规范地存放和使用化学试剂，了解紧急事故的处理方法和消防知识。

1.2.1　实验室安全总则

为保证化学实验室的工作环境安全、整洁，保护实验人员的安全和健康，正常有序地开展教学工作，每位实验人员都应遵守以下安全规定。

（1）熟悉所使用化学物质的特性和潜在危害。

（2）检查实验设备和实验仪器的性能，充分考虑使用设备和仪器的局限性。

（3）工作中遇到疑问及时请教指导教师，不得盲目操作。

（4）不得在实验室储存食品，不得饮食、抽烟。不得将与实验无关人员带进化学实验室。

（5）接触危险品时必须穿工作服，戴防护眼镜、防护面具，穿不露脚趾的满口鞋，长发必须扎起。

（6）熟悉在紧急情况下的逃离路线和紧急疏散方法，清楚灭火器材、安全淋浴间、眼睛冲洗器的位置，牢记急救电话。

（7）保持实验室门和走道畅通，将存放实验室的试剂数量最小化，未经允许严禁储存剧毒药品。

（8）实验必须在合适的通风橱内进行，密封和有压力的实验必须在特种实验室进行。

（9）离开实验室前必须洗手。

（10）试剂溢出应立即清除。如溢出物有剧毒气体挥发，当时无法处理，必须及时疏散人员并封闭现场，立即报告指导教师和安全部门。

（11）及时按规定处理废弃化学品（包括化学废弃物、过期化合物、生物废弃物等），并送往指定地点集中销毁。

（12）实验室及禁烟区内禁止吸烟，严禁违章使用明火。

1.2.2　高分子化学实验室安全守则

（1）操作者必须认真学习分析规程和有关安全技术规程，了解仪器设备性能及操作中可能发生事故的原因，掌握预防和处理事故的方法。

（2）拆装玻璃管与胶管、胶塞等时，应先用水润湿玻璃管，并且在手上垫棉布，以免玻璃管折断扎伤。

（3）打开浓硫酸、浓硝酸、浓氨水等试剂瓶塞时应戴防护用具，在通风橱中进行。

（4）量取易挥发液体应在通风橱中进行。

（5）夏季打开易挥发试剂瓶塞前，应先用冷水冷却，瓶口不要对着人。

（6）稀释浓硫酸的容器、烧杯和锥形瓶要放在塑料盆中，只能将浓硫酸慢慢倒入水中，不能相反，必要时用水冷却。

（7）蒸馏易燃液体严禁用明火加热。蒸馏过程不得无人，以防温度过高或冷却水突然中断。加热易燃溶剂时，必须在水浴或沙浴中进行，避免明火。

（8）实验室内每瓶试剂必须贴有与内容物相符的标签。严禁将用完的原装试剂空瓶不更新标签而装入别种试剂。

（9）装过强腐蚀性、可燃性、有毒或易爆物品的器皿，应由操作者亲自洗涤。

（10）移动、开启大瓶液体药品时，不能将瓶直接放在水泥地板上，最好用橡皮垫或草垫垫好，若为石膏包封的可用水泡软后打开，严禁锤砸、敲打，以防爆裂。

（11）为减少汞液面的蒸发，使用汞时可在汞液面上覆盖化学液体，如甘油或水。若不慎溅落，应尽量搜集溅落的汞，污染过的地点应撒上多硫化钙、硫磺或漂白粉处理。

（12）将实验室废液分别收集并进行处理。

（13）废弃的有害固体药品严禁倒入生活垃圾处，必须经处理解毒后丢弃。

（14）实验室内禁止吸烟、进食，不能用实验器皿处理食物。离开实验室前用肥皂洗手。

（15）进行实验时应穿实验服，长发要扎起，不应在食堂等公共场所穿实验服。进行危险性实验时要戴防护用具。

（16）实验室应备有消防器材、急救药品和劳保用品。

（17）实验完毕检查水、电、气、窗，进行安全登记后方可锁门离开。

（18）在使用不了解的化学药品前应做好的准备：明确药品在实验中的作用；掌握药品的物理性质（如熔点、沸点、密度等）和化学性质；了解药品的毒性；了解药品对人体的侵入途径和危险特性；了解中毒后的急救措施。

1.2.3 实验室一般性伤害的应急处理措施

实验室中经常装配和拆卸玻璃仪器装置，如果操作不当往往会造成割伤，高温加热可能造成烫伤或烧伤，接触各类化学药品容易造成化学灼伤等。因此，不仅应按要求规范实验操作，还要掌握一般的应急救护方法。这些方法只是去医务室或医院治疗之前的一般应急处理，并非最终治疗方法。

1. 实验室常备医药用品

实验室里备有急救箱，箱里有下列医药用品：

（1）消毒剂：碘酒、75%医用酒精棉球等。

（2）外伤药：龙胆紫药水、云南白药等。

（3）烫伤药：烫伤油膏、凡士林、獾油等。

（4）化学灼伤药：5%碳酸氢钠溶液、2%乙酸、1%硼酸、5%硫酸铜溶液、医用双氧水、三氯化铁的乙醇溶液及高锰酸钾晶体。

（5）治疗用品：创可贴、药棉、纱布、绷带、胶带、剪刀、镊子等。

2. 各种伤害的应急救护方法

（1）创伤。伤口不能用手抚摸，也不能用水冲洗。若伤口里有碎玻璃片，应先用消毒后的镊子取出来，在伤口上擦龙胆紫药水，消毒后用止血粉外敷，再用纱布包扎。伤口较大、流血较多时，可用纱布压住伤口止血，并立即送医务室或医院治疗。

（2）烫伤或灼伤。烫伤后切勿用水冲洗，一般可在伤口处擦烫伤油膏或用浓高锰酸钾溶液擦至皮肤变为棕色，再涂上凡士林或烫伤油膏。被磷灼伤后，可用1%硝酸银溶液、5%硫酸银溶液或高锰酸钾溶液洗涤伤处，然后进行包扎，切勿用水冲洗。被沥青、煤焦油等有机物烫伤后，可用浸透二甲苯的棉花擦洗，再用羊脂涂敷。

（3）受（强）碱腐蚀。先用大量水冲洗，再用2%乙酸溶液或饱和硼酸溶液清洗，然后用水冲洗。若碱溅入眼内，用硼酸溶液冲洗。

（4）受（强）酸腐蚀。先用干净的毛巾擦净伤处，用大量水冲洗，然后用饱和碳酸氢钠（$NaHCO_3$）溶液（或稀氨水、肥皂水）冲洗，再用水冲洗，最后涂上甘油。若酸溅入眼中，先用大量水冲洗，然后用碳酸氢钠溶液冲洗，严重者送医院治疗。

（5）液溴腐蚀，应立即用大量水冲洗，再用甘油或乙醇洗涤伤处；氢氟酸腐蚀，先用大量冷水冲洗，再用碳酸氢钠溶液冲洗，然后用甘油氧化镁涂在纱布上包扎；苯酚腐蚀，先用大量水冲洗，再用 4 体积 10%的乙醇与 1 体积三氯化铁的混合液冲洗。

（6）误吞毒物。常用的解毒方法是服催吐剂，如肥皂水、芥末和水，或服鸡蛋白、牛奶和食物油等，以缓和刺激，随后用干净手指伸入喉部，引起呕吐。注意磷中毒不能喝牛奶，可用 5～10mL 1%硫酸铜溶液加入一杯温开水内服，引起呕吐，然后送医院治疗。

（7）吸入毒气。中毒很轻时，通常只要把中毒者转移到空气新鲜的地方，解松衣服（但要注意保温），使其安静休息，必要时给中毒者吸入氧气，但切勿随便使用人工呼吸。若吸入溴蒸气、氯气、氯化氢等，可吸入少量乙醇和乙醚的混合物蒸气，使之解毒。吸入溴蒸气的，也可用嗅氨水的办法减缓症状。吸入少量硫化氢者，立即送到空气新鲜的地方。中毒较深的，应立即送到医院治疗。

（8）触电。首先切断电源，若来不及切断电源，可用绝缘物挑开电线。在未切断电源之前，切不可用手拉触电者，也不能用金属或潮湿的东西挑电线。如果触电者在高处，则应先采取保护措施，再切断电源，以防触电者摔伤。然后将触电者转移到空气新鲜的地方休息。若出现休克现象，要立即进行人工呼吸，并送医院治疗。

1.2.4　化学品的储存、保管及安全使用规定

1. 化学药品的储存与使用的一般规定

（1）所有化学药品的容器都要贴上标签，以标明内容及其潜在危险。

（2）所有化学药品都应具备物品安全数据清单。

（3）对于在储存过程中不稳定或形成过氧化物的化学药品应加注特别标记。

（4）化学药品应该储存在合适的高度，通风橱内不得储存化学药品。

（5）装有腐蚀性液体的容器储存位置应当尽可能低，并加垫收集盘。

（6）将可以发生反应的化学药品分开储存，以防这些化学药品相互作用，产生有毒烟雾，发生火灾甚至爆炸。

（7）蒸馏大量乙醚类化合物前要检测过氧化物含量，且不能蒸干蒸馏液。

（8）挥发性和毒性物品需要特殊储存，未经允许实验室不得储存剧毒药品。

（9）将不稳定的化学品分开储存，标签上标明购买日期。

（10）实验室内不得储存大量易燃溶剂，用多少领多少。

2. 易燃液体的使用规定

（1）将易燃液体的容器置于较低的试剂架上。

（2）始终密闭容器的盖子，除非需要倾倒液体。

（3）易燃液体溢出，应立即清理干净。及时参阅物品安全数据清单，注意有些溢出物气体毒性很大。

（4）允许在通风橱里使用的易燃液体不得超过 5L。

（5）用加热器加热时必须小心，最好用油浴或水浴，不得用明火加热。蒸馏液体时加沸石。

（6）不得将腐蚀性化学品、毒性化学品、有机过氧化物、易自燃品和放射性物质保存在一起，特别是漂白剂、硝酸、高氯酸和过氧化氢。

（7）了解离实验室最近的灭火器存放的位置并会使用，灭火器材为干粉灭火器和砂子等。

（8）保持最小化处理废弃易燃液体量。

（9）严格遵守物品安全数据清单要求。

3. 压缩气体和气体钢瓶的使用规定

（1）压缩气体钢瓶应靠墙直立放置，并用铁索固定以防倾倒；压缩气体钢瓶应当远离热源、腐蚀性材料和潜在的冲击；当气体用完或不再使用时，应将钢瓶立即退还供应商；转运钢瓶应使用钢瓶推车并保持钢瓶直立，同时关紧阀门，卸掉调节器。

（2）压力表与减压阀不可沾上油污。

（3）打开减压阀前应擦净钢瓶阀门出口的水和灰尘。

（4）检查减压阀是否有泄漏或损坏，钢瓶内保存适当余气。

（5）钢瓶表面要有清楚的标签，注明气体名称。

（6）使用完毕将钢瓶主阀关闭，并释放减压阀内过剩的压力。

4. 液氮的使用规定

制冷剂会引起冻伤；少量制冷剂接触眼睛会导致失明；少量的液氮可以产生大量氮气，液氮的快速蒸发可能会造成现场空气缺氧。

（1）接触液氮的任何操作都要戴上绝缘防护手套。

（2）穿长度过膝的长袖实验服。

（3）穿封闭式的鞋，戴防护眼镜，必要时戴防护面具。

（4）保持环境空气流畅。

5. 电的使用规定

（1）明确实验室总电源开关的位置，如有人触电，应迅速切断电源，然后进行抢救。

（2）实验室内严禁私拉私接电线。不得超负荷使用电插座。不得在同一个电插座上连接多个插座并同时使用多种电器。确保所有的电线设备足以提供所需的电流。

（3）所有电器的金属外壳都应保护接地。修理或安装电器时，应先切断电源。不要直接接触绝缘不好的通电电器，电源裸露部分应有绝缘装置（如电线接头处应裹上绝缘胶布）。

（4）实验时，应先连接好电路后再接通电源。实验结束时，先切断电源再拆线路。在电器仪表的使用过程中，如发现不正常声响、温度升高或嗅到绝缘漆过热产生的焦味等可疑情况，应立即切断电源，并报告实验指导师进行检查。

（5）操作电器时手必须干燥，不用潮湿的手接触电器，不能用试电笔试高压电。使用高压电源应有专门的防护措施。

（6）室内进行乙醚、乙醇等易燃易爆气体的蒸馏或萃取操作时，或室内有还原性粉尘时，应避免产生电火花。继电器工作和开关电闸时，易产生电火花，要特别小心。电器接触点（如电插头）接触不良时，应及时修理或更换。必要时在这一类环境下工作的继电器和开关电闸等要采用防爆型产品。

（7）如遇电线起火，立即切断电源，用砂或二氧化碳灭火器、四氯化碳灭火器灭火，禁止用水或泡沫灭火器等导电液体灭火。

（8）电源、电器线路中各接点应牢固，电路元件两端接头不要互相接触，以防短路。电线、电器要避免被水淋湿或浸在导电液体中。若所用电器被水淋湿（或浸在导电液体中）不能立即开启，应将其晾干或清洗烘干，做必要的绝缘处理并检查正常后才能使用。

1.2.5 实验室"三废"处理

实验室实际上是一类典型的小型污染源。实验室"三废"通常指实验过程所产生的一些废气、废液、废渣。这些废弃物中许多是有毒有害物质，如果不进行处理而随意排放，将会造成环境污染，危害人体健康，甚至会影响实验分析结果。根据实验室"三废"排放的特点和现状，遵守国家有关规定，充分强调"谁污染，谁治理"的原则。为防止实验室污染物扩散，应根据实验室"三废"的特点，对其进行分类收集、存放，集中处理。在实际工作中，应科学选择实验路线、控制试剂使用量、采用替代物，尽可能减少废物产生量，减少污染。应本着适当处理、回收利用的原则处理实验室"三废"。尽可能采用回收、固化及焚烧等方法处理，处理方法简单，易操作，处理效率高，价格低廉。

1. 废液

废液应根据其化学特性选择合适的容器和存放地点，密闭存放，禁止混合储存；容器要防渗漏，防止挥发性气体逸出而污染环境；容器标签必须标明废物种类和储存时间，且储存时间不宜太长，储存数量不宜太多；存放地要通风良好。剧毒、易燃、易爆药品的废液，其储存应按危险品管理规定办理。

一般废液可通过酸碱中和、混凝沉淀、次氯酸钠氧化处理后排放。有机溶剂废液应根据其性质尽可能回收，对于某些数量较少、浓度较高、确实无法回收使用用的有机废液，可采用活性炭吸附法、过氧化氢氧化法处理或在燃烧炉中供给充分的氧气使其完全燃烧。对高浓度废酸、废碱液要中和至近中性（pH=6～9）后排放。

1）含酚废液的处理

低浓度的含酚废液可加入次氯酸钠或漂白粉，使酚氧化成邻苯二酚、邻苯二醌、顺丁烯二酸而被破坏，处理后废液汇入综合废水桶。高浓度的含酚废液可用乙酸丁酯萃取，再用少量氢氧化钠溶液反萃取。经调节 pH 后，进行重蒸馏回收，提纯（精制）即可使用。

2）含氰废液的处理

处理低浓度的氰化物废液可直接加入氢氧化钠调节 pH 至 10 以上，再加入高锰酸钾粉末（约 3%），使氰化物氧化分解。

如氰化物浓度较高，可用氯碱法氧化分解处理。先用氢氧化钠将废液 pH 调至 10 以上，加入次氯酸钠（或液氯、漂白粉、二氧化氯），经充分搅拌调至弱碱性（pH 约为 8.15），氰化物被氧化分解为二氧化碳和氮气，放置 24h，经分析达标即可排放。应特别注意含氰化物的废液切勿随意乱倒或与酸混合，否则发生化学反应，生成挥发性的氰化氢气体逸出，造成中毒事故。

3）含苯废液的处理

含苯废液可回收利用，也可采用焚烧法处理。对于少量的含苯废液，可将其置于铁器内，放到室外空旷地方点燃，注意操作者必须站在上风向，持长棒点燃，并监视至完全燃尽为止。碱性含铜废液如含铜铵腐蚀废液等，其浓度较低且含有杂质，可采用硫酸亚铁还原法处理，其操作简单、效果较佳。

2. 废有机溶剂的回收与提纯

从实验室的废弃物中直接进行回收是解决实验室污染问题的有效方法之一。实验过程中使用的有机溶剂一般毒性较大、难处理，从保护环境和节约资源的角度来看，应该采取积极措施回收利用。回收有机溶剂通常先在分液漏斗中洗涤，将洗涤后的有机溶剂进行蒸馏或分馏处理加以精制、纯化，所得有机溶剂纯度较高，可供实验重复使用。由于有机废液具有挥发性和毒性，整个回收过程应在通风橱中进行。为准确掌握蒸馏温度，测量蒸馏温度用的温度计应正确安装在蒸馏瓶内，其水银球的上缘应和蒸馏瓶支管口的下缘处于同一水平线，蒸馏过程中使水银球完全被蒸气包围。

1）三氯甲烷

将三氯甲烷废液依顺序用蒸馏水、浓硫酸（三氯甲烷量的 1/10）、蒸馏水、盐酸羟胺溶液（0.15%）洗涤。用重蒸馏水洗涤 2 次，将洗好的三氯甲烷用无水氯化钙脱水干燥，放置几天，过滤、蒸馏。蒸馏速度为每秒 1～2 滴，收集沸点为 60～62℃的蒸馏液，保存于棕色带磨口塞子的试剂瓶中待用。如果三氯甲烷中杂质较多，可用自来水洗涤后预蒸馏一次，除去大部分杂质，然后按以上方法处理。对于蒸馏法仍不能除去的有机杂质可用活性炭吸附纯化。

2）石油醚

先将废液装于蒸馏瓶中，在水浴上进行恒温蒸馏，温度控制在（81±2）℃，时间控制在 15～20min。馏出液通过内径 25mm、高 750mm 的玻璃柱，内装下层硅胶高 600mm，上面覆盖 50mm 厚的氧化铝（硅胶 60～100 目，氧化铝 70～120 目，于 150～160℃活化 4h）以除去芳烃等杂质。重复第一个步骤再进行一次分馏，根据空白值确定是否进行第二次分离。经空白值（$n=20$）和透光率（$n=10$）测定检验，回收分离后石油醚能满足质控要求，与市售石油醚无显著性差异。

3）乙醚

先用水洗涤乙醚废液 1 次，用酸或碱调节 pH 至中性，再用 0.15%高锰酸钾溶液洗涤至紫色不褪去，经蒸馏水洗后用 0.15%～1%硫酸亚铁铵溶液洗涤以除去过氧化物，最后用蒸馏水洗涤 2～3 次，弃去水层，经氯化钙干燥、过滤、蒸馏，收集 33.5～34.5℃馏出液，保存于棕色带磨口塞子的试剂瓶中待用。由于乙醚沸点较低，乙醚的回收应避开夏季高温。

实验室废弃物虽数量较少，但危害很大，必须引起足够重视。对于各实验室内实验过程中产生的废弃物，必须对其进行有效的处理后才能排放，要防患于未然，杜绝污染事故的发生。

第 2 章　实验仪器与操作

　　进行高分子化学实验，首先应根据反应的类型和用量选择合适类型和大小的反应器，根据反应的要求选择玻璃仪器，并使用辅助仪器安装实验装置，将不同仪器良好、稳固地连接起来。高分子化学实验中单体和溶剂的精制离不开蒸馏操作，有时还需要减压蒸馏。下面介绍高分子化学实验的基本仪器和实验操作与技巧。

2.1　实验常用仪器

　　化学反应的进行、溶液的配制、物质的纯化及许多分析测试都是在玻璃仪器中进行的，另外还需要一些辅助设施，如金属器具和电学仪器等。

2.1.1　玻璃仪器

　　玻璃仪器按接口的不同可以分为普通玻璃仪器和磨口玻璃仪器。普通玻璃仪器之间是通过橡皮塞连接的，需要在橡皮塞上打出适当大小的孔，有时孔道不直、和橡皮塞不配套，给实验装置的安装带来许多不便。磨口玻璃仪器的接口标准化，分为内磨接口和外磨接口，锥形瓶的接口基本是内磨口，而球形冷凝管的下端为外磨口。为了方便接口大小不同的玻璃仪器之间的连接，还有多种换口可以选择。常用的标准玻璃磨口有 $12^{\#}$、$14^{\#}$、$19^{\#}$、$24^{\#}$、$29^{\#}$ 等规格，其中 $24^{\#}$ 磨口大小与 $4^{\#}$ 橡皮塞相当。

　　使用磨口玻璃仪器时，由于接口处已经细致打磨，聚合物溶液的渗入有时会使内、外磨口发生黏结。为了防止出现这种麻烦，仪器使用完毕后应立即将装置拆开；较长时间使用时，可以在磨口上涂覆少量凡士林等润滑脂，但是要注意避免污染反应物。润滑脂的用量越少越好。实验结束后，用吸水纸或脱脂棉蘸少量丙酮擦拭接口，然后将容器中的液体倒出。磨口玻璃仪器不能长时间存放碱液，否则会使磨口活塞黏结而无法打开。当活塞打不开时，用强力拧会拧碎仪器，此时可将仪器在水中加热煮沸，再用木棒轻敲塞子后试着用力拧开。称量瓶的磨口塞要原配；磨口锥形瓶加热时要先打开塞再加热。

　　大部分高分子化学反应是在搅拌、回流和通惰性气体的条件下进行的，有时还需使用温度计进行温度控制，反应过程中需要加入液体反应物和进行反应过程监测，因此反应最好在多口反应瓶中进行。图 2-1 为几种常见的磨口烧瓶，高分子化学实验中多用三口烧瓶、聚合瓶和四口烧瓶。烧瓶容量根据反应液的体积确定，一般为反应液总体积的 1.5～3 倍。

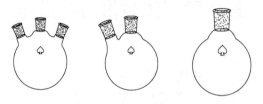

图 2-1　磨口烧瓶

进行聚合反应动力学研究时，特别是本体自由基聚合反应，膨胀计是非常合适的反应器。膨胀计内径 $r=0.2\sim0.4$mm，用于测量液体体积微小的变化。它是由反应容器和标有刻度的毛细管组成，好的膨胀计应具有操作方便、不易泄漏和易于清洗等特点。通过标定，膨胀计可以直接测定聚合反应过程中体系的体积收缩，从而获得反应动力学方面的数据。一些聚合反应需要在隔绝空气的条件下进行，使用封管或聚合管比较方便。封管宜选用硬质、壁厚均一的玻璃管制作，下部为球形，可以盛放较多的样品，并有利于搅拌，上部应拉出细颈，以利于烧结密闭。封管适用于高温高压下的聚合反应。带翻口橡皮塞的聚合管适合于温和条件下的聚合反应，单体、引发剂和溶剂的加入可以通过干燥的注射器进行。

2.1.2　辅助仪器

进行高分子化学实验，需要用铁架台和铁夹等金属器具将玻璃仪器固定并适当连接。实验过程中经常需要进行加热、温度控制和搅拌，应选择合适的加热、控温和搅拌设备。液体单体的精制往往需要在真空状态下进行，需要使用不同类型的减压设备，如真空油泵和水泵。许多聚合反应在无氧的条件下进行，需要氮气钢瓶和管道等通气设施。

2.1.3　玻璃仪器的清洗和干燥

高分子化合物的溶解是一个缓慢而复杂的过程。因此，反应器和接触过高分子产品的仪器往往难以清洗，选择正确的清洗方法很重要。另外，放置时间过久则更加难洗，因此实验结束后要养成及时清洗仪器的好习惯。除去容器中残留聚合物的最常用方法是使用少量溶剂清洗，最好使用回收的溶剂或废溶剂。带酯键的聚合物（如聚酯、聚甲基丙烯酸甲酯）和环氧树脂残留于容器中时，将容器浸泡于乙醇-氢氧化钠洗液中，可起到很好的清除效果。含少量交联聚合物固体的容器，如膨胀计和容量瓶，可用铬酸洗液洗涤，热的洗液效果更好，但是要注意安全。总之，应根据残留物的性质，选择适当的方法使其溶解或分解而达到去除的效果。无论哪种方法，注意不要将化学试剂倒入水槽中，仪器用洗液清洗后先用大量的水冲洗，再用蒸馏水荡洗。洗净后的仪器一般在烘箱中加热烘干，急用的仪器也可加少量乙醇或丙酮荡洗，再用电吹风吹热风烘干。对于离子型聚合反应，实验装置需绝对干燥，往往仪器安装完毕后，于高真空下加热除去玻璃仪器的水汽。

2.1.4　常用仪器操作规程

1. 电子天平

使用规程：①称量前先明确天平的量程及精度范围；②使用天平者在操作过程中必须要小心谨慎，做到轻放、轻拿、轻开、轻关，不要碰撞操作台，读数时身体的任何部位不能触碰操作台；③接通电源，仪器预热 10min；④轻轻并短暂地按 ON 键，天平进行自动校正，待稳定后，即可开始称量；⑤轻轻地向后推开右边玻璃门，放入容器或称量纸（试样不得直接放入称量盘中），天平显示容器质量，待显示器左边"0"标志消失后，即可读数；⑥短暂地按 TAR 键，天平回零；⑦放入试样，待天平显示稳定后，即可读数；⑧重复⑤～⑦步骤，可连续称量；⑨轻按 OFF 键，显示器熄灭，关闭天平。

2. 烘箱

烘箱一般用来干燥仪器和药品，用分组电阻丝进行加热，并由鼓风机加强箱内气体对流，同时排出潮湿气体，以热电偶恒温控制箱内温度。

使用规程：①检查电源（单相 220V），检查温度计的完整和各指示器、调节器非工作位置（指示零）；②把烘箱的电源插头插入电源插座；③顺时针方向转动分组加热丝旋钮，同时顺时针方向转动温度计调节旋钮，红灯亮表示加热；④当温度将达到所需的温度时，把调节器逆时针转到红灯忽亮忽灭处，10min 左右观察温度是否达到要求的温度，可用温度调节器进行调节，调到所需的温度为止；⑤烘箱用完后，将温度调节器的旋钮逆时针方向转动到零点处，同时把分组加热旋钮转到零点，切断电源。

注意事项：①使用前必须做好检查（电源、各调节器旋转的位置）；②严禁将含有大量水分的仪器和药品放进箱内；③易燃、易爆、强腐蚀性及剧毒药品不得放入烘箱内烘干；④使用温度不得超过烘箱使用的规定温度；⑤用完后必须把各旋钮转回到零点，再切断电源；⑥要求绝对干燥的仪器和药品，应该在箱内把温度降到室温才可取出；⑦使用温度要低于药品的熔点、沸点；⑧药品等洒在箱内时，必须及时处理、打扫干净。

3. 搅拌器

使用规程：①使用搅拌器调节转速时，开始用手帮助慢慢启动搅拌器，当搅拌棒转动时，速度逐渐增大，绝不能立即使转速很大，以免损坏仪器；②根据实验所需，选择适当的转速，不要时快时慢；③使用时，若发现搅拌器发烫，应立即停止使用，搅拌器转动时间不宜过长，一般5～6h；④搅拌器应放在干燥的地方保存。

4. 循环水真空泵

真空泵是用来形成真空的有效方法，循环水真空泵是以循环水为工作流体，利用流体射流技术产生负压而进行工作的一种真空抽气泵，常用于真空回流、真空干燥等。

使用规程：①打开泵的台面，将进水口与水管连接；②加水至水位浮标指示为上，接通电源；③将实验装置套管接在真空吸头上，启动工作按钮，指示灯亮，即开始工作。一般循环水真空泵配有两个并联吸头（各装有真空表），可同时抽气使用，也可使用一个。

5. 真空蒸馏装置

使用规程：①安装真空蒸馏的仪器时，必须选择大小合适的橡皮塞，最好选用磨口真空蒸馏装置；②蒸馏液内含有大量的低沸点物质，需先在常压下蒸馏，使大部分低沸点物蒸出，然后用水泵减压蒸馏，使低沸点物除尽；③停止加热，回收低沸点物，检查仪器各部分连接情况，使之密合；④开动油泵，再慢慢关闭安全阀，并观察压力计上压力是否达到要求，如达不到要求，可用安全阀进行调节；⑤待压力达到要求且恒定时，再开始加热蒸馏瓶，精馏单体时，应在蒸馏瓶内加入少许沸石（一般使用油浴，其温度高于蒸馏液沸点20～30℃，难挥发的高沸点物在后阶段可高于其沸点30～50℃）；⑥蒸馏结束，先移去热源，待稍冷些，再同时逐渐打开安全活塞，待压力计内水银柱平衡下降时，停止抽气，待系统内外压力平衡后，拆下仪器，洗净。

2.2　实验基本操作

2.2.1　聚合反应的温度控制

高分子化学实验离不开温度的控制。对于室温以下的聚合反应，可使用低温浴或采用适当的冷却剂冷却。自由基聚合采用热分解引发剂，聚合温度一般在50℃以上；缩聚反应所需温度较高，熔融聚合温度一般在200℃以上。由此可见，实验中温度的控制是至关重要的。

1. 加热

1) 水浴加热

如果反应需要的温度在 100℃以下，使用水浴对反应体系进行加热和温度控制最为合适。水浴加热介质纯净，易清洗，温度控制恒定。加热时，将容器浸于水浴中，利用加热圈加热水介质，间接加热反应体系。加热圈是由电阻丝贯穿于硬质玻璃管中，并根据浴槽的形状加工制成的，也可使用金属管材。长时间使用水浴，会因水分的大量蒸发而导致水分的散失，需要及时补充。过夜反应时可在水面上盖一层液状石蜡或保鲜膜。一般水浴控温精确度在±（1～2）℃，对于温度控制要求高的实验，可以直接使用超级恒温水槽，还可通过它对外输送恒温水达到所需温度，其温度可控制在±0.5℃范围内。

2) 油浴加热

所需反应温度在 100～250℃就要选用油浴加热，油浴加热的可控温度取决于导热油的种类。常用的导热油包括：①烷基苯型（苯环型）导热油，为苯环附有链烷烃支链类型的化合物，其沸点在 170～180℃，凝点在–80℃以下，故可作防冻液使用，此类产品的特点是在适用范围内不易出现沉淀，异丙基附链的化合物尤佳；②烷基萘型导热油，为苯环上连接烷烃支链的化合物，应用于 240～280℃的气相加热系统；③烷基联苯型导热油，为联苯基环上连接烷基支链一类的化合物，其沸点＞330℃，热稳定性也好，是在 300～340℃范围内加热使用的理想产品；④联苯和联苯醚低熔混合物型导热油，为联苯和联苯醚低熔混合物，熔点为 12℃，热稳定性好，使用温度高达 400℃，在 256～258℃使用比较经济，但在高温下（350℃）长时间使用会产生酚类物质，此物质有低腐蚀性，与水分作用对碳钢等有一定的腐蚀作用。

3) 电加热套加热

电加热套是一种外热式加热器，外壳一次性注塑成型，上盖采用静电喷塑工艺，由于采用球形加热，容器受热面积可达到 60%以上，具有升温快、温度高、操作简便、经久耐用的特点。电加热套按控温范围可分为高温电热套和普通电热套。高温电热套的最高加热温度可达 800～1000℃。普通电热套最高加热温度可达 400℃。电加热套按功能可分为数显搅拌电热套、调温搅拌电热套等。数显搅拌电热套具有数显表调节和显示温度及搅拌功能；调温搅拌电热套具有电压表调节温度和搅拌功能。由于玻璃仪器可与电加热套紧密接触，保温性能好。根据烧瓶的大小，可以选用不同规格的电加热套。

2. 冷却

离子聚合往往需要在低于室温的条件下进行，因此冷却是离子聚合通常需要采取的实验操作。如果实验反应温度需要控制在 0℃附近，多采用冰水混合物作为冷却介质。若要使反应体系温度保持在 0℃以下，则采用碎冰和无机盐（氯化钠）的混合物作为制冷剂。若要维持在更低的温度，则必须使用更为有效的制冷剂（干冰和液氮）。干冰和乙醇、乙醚等混合，温度可降至-70℃，通常使用温度在-40～-50℃范围内。液氮与乙醇、丙酮混合使用，冷却温度可稳定在有机溶剂的凝固点附近。表 2-1 列出不同制冷剂的配制方法和使用温度范围。配制冰盐冷浴时，应将碎冰和颗粒状盐按比例混合。干冰和液氮作为制冷剂时，应置于浅口保温瓶等隔热容器中，以防止制冷剂的过度损耗。

表 2-1　常用制冷剂

制冷剂组成	冷却最低温度/℃
冰+水	0
冰 100 份+氯化铵 25 份	−15
冰 100 份+硝酸钠 50 份	−18
冰 100 份+氯化钠 33 份	−21
冰 100 份+碳酸钾 33 份	−46
干冰+乙醇	−78
干冰+丙酮	−78
液氮	−196

　　超级恒温槽可以提供低温环境，并能准确控制温度，也可以通过恒温槽输送冷却液来控制反应温度。

3. 温度的测定和调节

　　酒精温度计和水银温度计是最常用的测温仪器，它们的量程受其凝固点和沸点的限制，前者可在-60～100℃范围内使用，后者可测定的最低温度为-38℃，最高使用温度在 300℃左右。低温的测定可使用以有机溶剂制成的温度计，甲苯温度计可达-90℃，正戊烷温度计可达-130℃。为观察方便，在溶剂中加入少量有机染料，这种温度计由于有机溶剂传热较差且黏度较大，需要较长的平衡时间。

　　温度控制器（简称温控器）是一种常用的温度控制仪器，可以针对现场温度、压力、液位、速度等各种信号进行采集、显示、控制等，被广泛用于多个行业中。常用温度控制器包括以下四种。

　　（1）突跳式温控器。该温控器是双金属片温控器的新型产品，主要作为各种电热产品过热保护，通常与热熔断器串接使用，突跳式温控器作为一级保护。热熔断器则在突跳式温控器失灵或失效导致电热元件超温时，作为二级保护，有效地防止烧坏电热元件及由此而引起的火灾事故。

（2）液胀式温控器。当被控制对象的温度发生变化时，温控器感温部内部的物质（一般是液体）产生相应的热胀冷缩的物理现象（体积变化），与感温部连通的膜盒产生膨胀或收缩。通过杠杆原理，带动开关通断动作，达到恒温目的。液胀式温控器具有控温准确、稳定可靠、开停温差小、控制温控调节范围大、过载电流大等性能特点。液胀式温控器主要用于家电行业、电热设备、制冷行业等温度控制场合。

（3）压力式温控器。该温控器通过密闭的内充感温介质的温包和毛细管，把被控温度的变化转变为空间压力或容积的变化，达到温度设定值时，通过弹性元件和快速瞬动机构，自动关闭触头，以达到自动控制温度的目的。它由感温部、温度设定主体部、执行开闭的微动开关或自动风门三部分组成。压力式温控器适用于制冷器具（如电冰箱、冰柜等）和制热器等场合。

（4）电子式温控器。电子式温度控制器（电阻式）是采用电阻感温的方法来测量的，一般采用铂金丝、铜丝、钨丝及热敏电阻等作为测温电阻，这些电阻各有其优缺点。一般家用空调大多使用热敏电阻式。

2.2.2　搅拌

化学实验离不开搅拌，尤其是在高分子化学实验中。无论是溶液状态还是熔体状态的高分子化合物都具有高黏度特性，在高分子化学实验过程中对于混合的均匀性、反应的均匀性和过程的传热，搅拌显得尤为重要。搅拌不仅可以使反应组分混合均匀，还有利于体系的散热，避免发生局部过热而暴聚。实验室常用的搅拌方式为磁力搅拌和机械搅拌。

1. 磁力搅拌器

磁力搅拌器是用于液体混合的实验室仪器，主要用于搅拌或同时加热搅拌低黏稠度的液体或固液混合物。其基本原理是利用磁场的同性相斥、异性相吸原理，利用磁场推动放置在容器中带磁性的磁力转子进行圆周运转，从而达到搅拌液体的目的。磁力转子内含磁铁，外部包裹着聚四氟乙烯，以防止磁铁被腐蚀、氧化和污染反应溶液。磁力转子的外形有棒状、锥状和椭球状，前者仅适用于平底容器，后两种可用于圆底反应器。配合加热温度控制系统，可以根据具体的实验要求加热并控制样本温度，维持实验所需的温度条件，保证液体混合达到实验需求。磁力搅拌器适用于黏度较小或量较少的反应体系。

2. 机械搅拌器

当反应体系的黏度较大时，如进行自由基本体聚合或熔融缩聚反应时，磁力搅拌器不能带动磁力转子转动；当反应体系量较多时，磁力转子无法使整个体系充分混合，在这些情况下需要使用机械搅拌器。进行乳液聚合和悬浮聚合，需要强力搅拌使单体分散成微小液滴，这也离不开机械搅拌器。

机械搅拌器由电动机、搅拌棒和控制部分组成。低速运行转矩输出大，连续使用性能好。驱动电机采用功率大、结构紧凑的串激式微型电机，运行安全可靠；运行状态控制采用数控触摸式无级调速器，调速方便；数字显示运行转速状态，采集数据正确；输出增力机构采用多级非金属齿轮传递增力，转矩成倍增加，运行状态稳定，噪声低；搅拌棒专用轧头，卸装简便灵活。锚形搅拌棒具有良好的搅拌效果，但是往往不适用于烧瓶中的反应；活动叶片式搅拌棒可方便地放入反应瓶中，搅拌时由于离心作用，叶片自动处于水平状态，提高了搅拌效率。蛇形和锚形搅拌棒受反应瓶瓶口大小的限制。搅拌棒通常用外层包覆聚四氟乙烯的金属搅拌棒。

2.2.3　蒸馏

高分子化学实验中经常会用到蒸馏，如单体的精制、溶剂的纯化和干燥及聚合物气液的浓缩。蒸馏是利用液体混合物中各组分挥发性的差异而将组分分离的传质过程，将液体沸腾产生的蒸气导入冷凝管，使之冷却凝结成液体的一种蒸发、冷凝的过程。蒸馏是分离沸点相差较大的混合物的一种重要操作技术，尤其是对于液体混合物的分离具有重要的实用意义。蒸馏的条件：①液体是混合物；②各组分沸点不同。

1. 普通蒸馏

在有机化学实验中已经接触过普通蒸馏，蒸馏装置由蒸馏烧瓶（带支管的）、蒸馏头、温度计、冷凝管、接液管和收集瓶组成。为了防止液体暴沸，需要加入少量沸石，磁力搅拌也可以起到相同效果。

2. 减压蒸馏

实验室常用的烯类单体沸点比较高，如苯乙烯为 145℃、甲基丙烯酸甲酯为 100.5℃、丙烯酸丁酯为 145℃，这些单体在较高温度下容易发生热聚合，因此不宜进行常规蒸馏。若将蒸馏装置连接在一套减压系统上，在蒸馏开始前先使整个系统压力降低到只有常压的十几分之一至几十分之一，那么这类有机物就可以在比其正常沸点低得多的温度下进行蒸馏。

3. 真空泵

真空泵根据工作介质的不同可分为两大类：水泵和油泵。真空水泵机体采用双抽头，可单独或并联使用，装有两个真空表。主机采用不锈钢机芯和防腐材质机芯两种型号制造、耐腐蚀、无污染、噪声低、移动方便，所能达到的最高真空度除与泵本身的结构有关外，还取决于水温（此时水的蒸气压为水泵所能达到的最低压力），一般可以获得 1~2kPa 的真空，如 30℃时可达至 4.2kPa、10℃时可提高至 1.5kPa，适用于苯乙烯、甲基丙烯酸甲酯和丙烯酸丁酯的减压蒸馏。水泵结构简单、使用方便、维护容易，一般不需要保护装置。为了维护水泵良好的工作状态和延长它的使用寿命，最好每使用一次就更换水箱中的水。

　　真空油泵是一种比较精密的设备，它的工作介质是特制的高沸点、低挥发性的泵油，它的效能取决于油泵的机械结构和泵油的质量。固体杂质和腐蚀性气体进入泵体都可能损伤泵的内部、降低真空泵内部构建的密合性；低沸点的液体与真空泵油混合后，使工作介质的蒸气压升高，从而降低真空泵的最高真空度。因此，真空油泵使用时需要净化干燥等保护装置，以除去进入泵中的低沸点溶剂、酸碱性气体和固体微粒。注意油面的位置，油量过多会引起启动困难、返油、喷油等不良现象，油过少则不能对排气阀起到油封作用，有较大排气声而影响真空度，油量不足时应通过加油孔加油，以注油泵油标中心为宜。首次使用油泵、初次启动时，按下绿色启动按钮，系统进入运行状态；当真空罐上真空表示数小于上限设定时，真空泵启动；真空表到达上限时，自动停止。由于存放或使用不当，水分或其他挥发性物质进入泵内而影响极限真空室时，打开气镇阀净化，当泵油受到机械杂质或化学杂质污染时，应更换泵油。换油步骤如下：先开泵运转一段时间，使油变稀，停泵，旋下放油塞，放净再敞开进气口运转 1min，此期间可从进气口缓慢加入少量的真空泵油，冲洗泵芯，脏油放完后将放油塞旋上、拧紧，从加油孔加入清洁的真空泵油，并从进气口加入一定量的真空泵油。油泵可以达到很高的真空度，适用于高沸点液体的蒸馏和特殊的聚合反应。

　　1）减压蒸馏系统

　　减压蒸馏系统是由蒸馏装置、真空泵和保护检测装置三部分组成。减压蒸馏装置主要由蒸馏、抽气（减压）、安全保护和测压四部分组成。蒸馏部分由蒸馏瓶、克氏蒸馏头、毛细管、温度计及冷凝管、接收器等组成。克氏蒸馏头可减少由于液体暴沸而溅入冷凝管的可能性。毛细管的作用是作为气化中心，使蒸馏平稳，避免液体过热而产生暴沸现象。毛细管口距瓶底 1~2mm，为了控制毛细管的进气量，可在毛细玻璃管上口套一段软橡皮管，橡皮管中插入一段细铁丝，并用螺旋夹夹住。蒸出液接收部分通常用多尾接液管连接两个或三个梨形或圆形烧瓶，在接收不同馏分时，只需转动接液管。在减压蒸馏系统中切勿使用有裂缝或薄壁的玻璃仪器，尤其不能用不耐压的平底瓶（如锥形瓶等），以防止内向爆炸。抽气部分用减压泵，最常见的减压泵有水泵和油泵两种。安全保护部分一般有安全瓶，若使用油泵，还必须有冷阱（冰-水、冰-盐或干冰），以及分别装有粒状氢氧化钠、块状石蜡及活性炭或硅胶、无水氯化钙等吸收干燥塔，以避免低沸点溶剂特别是酸和水汽进入油泵而降低泵的真空效能。所以在油泵减压蒸馏前必须在常压或水泵减压下蒸除所有低沸点液体和水及酸、碱性气体。测压部分采用测压计，常用的测压计有封闭式水银测压计和开口式水银测压计。

2）减压蒸馏的实验操作

仪器安装好后，先检查系统是否漏气，方法是关闭毛细管，减压至压力稳定后，夹住连接系统的橡皮管，观察测压计水银柱是否变化，无变化说明不漏气，有变化即表示漏气。为使系统密闭性好，磨口仪器的所有接口部分都必须用真空油脂润涂好，检查仪器不漏气后，加入待蒸的液体，量不要超过蒸馏瓶的一半，关好安全瓶上的活塞，开动油泵，调节毛细管导入的空气量，以能冒出一连串小气泡为宜。当压力稳定后，开始加热。液体沸腾后，应注意控制温度，并观察沸点变化情况。待沸点稳定时，转动多尾接液管接收馏分，蒸馏速度以每秒 0.5～1 滴为宜。蒸馏完毕，除去热源，慢慢旋开夹在毛细管上的橡皮管的螺旋夹，待蒸馏瓶稍冷后再慢慢开启安全瓶上的活塞，平衡内外压力（若开得太快，水银柱很快上升，有冲破测压计的可能），然后关闭抽气泵。

第 3 章　自由基型聚合实验

　　自由基聚合（free radical polymerization）是用自由基引发、使链增长（链生长），自由基不断增长的聚合反应，又称游离基聚合。自由基聚合主要应用于烯类的加成聚合。最常用的产生自由基的方法是引发剂的受热分解或二组分引发剂的氧化还原分解反应，也可以用加热、紫外线辐照、高能辐照、电解和等离子体引发等方法产生自由基。绝大多数加成聚合反应是由含不饱和双键的烯类单体作为原料，通过打开单体分子中的双键，在分子间进行重复多次的加成反应，把许多单体连接起来，形成大分子。

　　自由基聚合在高分子化学中占有极其重要的地位，是人类开发最早、研究最为透彻的一种聚合反应历程。目前 60% 以上的聚合物是通过自由基聚合得到的，如低密度聚乙烯、聚苯乙烯、聚氯乙烯、聚甲基丙烯酸甲酯、聚丙烯腈、聚乙酸乙烯、丁苯橡胶、丁腈橡胶、氯丁橡胶等。

　　聚合过程包括链引发、链增长和链终止三个基元反应。链引发又称链的开始，主要反应有两步，首先形成活性中心——游离基，进而游离基引发单体。主要的副反应是氧和杂质与初级游离基或活性单体的相互作用使聚合反应受阻。一般需要引发剂进行引发，常用的引发剂有偶氮引发剂、过氧类引发剂和氧化还原引发剂等，其中偶氮引发剂有偶氮二异丁腈（AIBN）、偶氮二异丁酸二甲酯引发剂、V-50 引发剂等，过氧类引发剂有过氧化二苯甲酰（BPO）等。链增长是活性单体反复地与单体分子迅速加成，形成大分子游离基的过程。链增长反应能否顺利进行，主要取决于单体转变成的自由基的结构特性、体系中单体的浓度及与活性链浓度的比例、杂质含量及反应温度等因素。链终止主要由两个自由基的相互作用形成，活性链的活性消失，即自由基消失而形成聚合物的稳定分子。终止的主要方式是两个活性链自由基的结合或歧化反应的双基终止，或是二者同时存在。

　　按反应体系的物理状态的差异，自由基聚合的实施方法有本体聚合、溶液聚合、悬浮聚合、乳液聚合四种方法。它们的特点不同，所得产品的形态与用途也不相同。

3.1　本　体　聚　合

　　本体聚合包括熔融聚合和气相聚合，它是单体在引发剂或催化剂、热、光作用下进行的聚合。本体聚合体系仅由单体和少量（或无）引发剂组成，产物纯净，后处理简单，所用仪器简单（如试管、封管、膨胀计、特质模板等），是比较经济的聚合方法。相比于其他聚合方法，本体聚合更适合实验室研究，如单体聚合能力的初步评价、少量聚合物的试制、动力学研究、竞聚率测定等。

适用单体较多，如苯乙烯、甲基丙烯酸甲酯、氯乙烯、乙烯等气液单体。不同单体的聚合特征不同，如表 3-1 所示。

表 3-1　本体聚合工业生产举例

聚合物	过程要点
聚苯乙烯	第一阶段于 80～85℃预聚至 33%～35%转化率，然后送入特殊聚合反应器在 100～220℃温度递增的条件下聚合，最后熔体挤出造粒
聚甲基丙烯酸甲酯	第一阶段预聚至 10%转化率，形成黏稠浆液，然后在浇模分段升温聚合，最后脱模成板材或型材
聚氯乙烯	第一阶段预聚至 7%～11%转化率，形成颗粒骨架，然后在第二反应器内补加单体，继续沉淀聚合，保持原有的颗粒形态，最后以粉状出料
高压聚乙烯	选用管式或釜式反应器进行连续聚合，控制单体转化率为 15%～30%，最后熔体从气体相中分离出来，挤出造粒，未反应单体经精制后可循环使用

本体聚合需要解决的关键问题是聚合热的排出。一般来说，聚合初期转化率不高，体系黏度不大，散热没有困难。但当转化率提高至 20%～30%后，体系黏度增大，产生凝胶效应，自由基产生自加速效应。如不及时散热，轻则造成局部过热，使相对分子质量变宽，影响聚合物的强度；重则造成温度失控，引起暴聚。这一缺点曾一度限制了本体聚合的发展，目前已发展出多种改进措施，最常用的手段就是分段聚合：第一阶段保持较低转化率（10%～35%），在一般反应容器中进行；第二阶段转化率和黏度较高，一般转移到经特殊设计的反应器内聚合。

实验 1　甲基丙烯酸甲酯本体聚合

Ⅰ. 甲基丙烯酸甲酯单体的精制

一、实验目的

（1）了解单体精制的原理。

（2）掌握甲基丙烯酸甲酯（MMA）精制的方法。

二、预习要求及操作要点

（1）NaOH 溶液的配制、分液漏斗的使用。

（2）查看常用的阻聚剂，对其进行分类，了解其性质。

三、实验原理

乙烯基类单体在化工厂生产出来之后，为了防止单体在运输和储存过程中聚合，必须加入适量的阻聚剂，常用的阻聚剂是对苯二酚。所以单体在聚合前需将其中的阻聚剂除去。对苯二酚具有酸性，用氢氧化钠中和，生成溶于水的对苯二酚钠盐，再通过水洗即可除去大部分阻聚剂。

$$\text{OH}\langle\text{苯环}\rangle\text{OH} + 2NaOH \longrightarrow \text{ONa}\langle\text{苯环}\rangle\text{ONa} + 2H_2O \tag{3-1}$$

水洗后的甲基丙烯酸甲酯须经干燥再进行蒸馏。由于甲基丙烯酸甲酯沸点较高，如采用常压蒸馏，会因加热温度高而发生聚合或其他副反应，采取减压蒸馏可以降低化合物的沸点。单体的精制通常采用减压蒸馏。

沸点与真空度之间的关系可近似地用下式表示：

$$\lg p = A + \frac{B}{T} \tag{3-2}$$

式中，p 为真空度；T 为液体的沸点，K；A 和 B 均为常数，可通过测定同一物质在两个不同外界压力时的沸点求出。

甲基丙烯酸甲酯沸点与压力的关系见表 3-2。

表 3-2　甲基丙烯酸甲酯沸点与压力的关系

沸点/℃	10	20	30	40	50	60	70	80	90	100.6
压力/mmHg	20	35	53	81	124	189	279	397	543	760

注：1mmHg=133.322Pa。

甲基丙烯酸甲酯为无色透明液体，常压下沸点为 100.3～100.6℃，密度 $d_4^{20} = 0.94\text{g·cm}^{-3}$，折射率 $n_D^{20} = 1.4118$。可以用气相色谱或测定折射率的方法检验其纯度。

四、实验仪器及试剂

仪器：三口烧瓶（250mL），毛细管（自制），温度计（0～100℃），接收瓶（150mL），分液漏斗。

试剂：甲基丙烯酸甲酯，氢氧化钠，无水硫酸钠。

五、实验步骤

（1）在 150mL 分液漏斗中加入 50mL 甲基丙烯酸甲酯单体，用 5%氢氧化钠溶液洗涤数次至无色（每次用量 10～20mL），然后用去离子水洗至中性。pH 试纸检验呈中性。

（2）用无水硫酸钠干燥 0.5h，干燥剂用量为液体的 10%。

（3）安装减压蒸馏装置，并与真空体系、高纯氮体系连接。检查接口使整个体系密闭。开动真空泵抽真空，并用煤气灯烘烤三口烧瓶、冷凝管、接收瓶等玻璃仪器，尽量除去系统中的空气，然后关闭抽真空活塞和压力计活塞，通入高纯氮至正压。待冷却后，再抽真空、烘烤，反复三次。

（4）将干燥好的甲基丙烯酸甲酯加入减压蒸馏装置，小心操作，避免带入干燥剂。加热并开始抽真空，控制体系压力在 100mmHg 下减压蒸馏，收集 46℃的馏分。

（5）为防止自聚，精制好的单体要在高纯氮的保护下密封后放入冰箱，要在短期内使用完，否则需加阻聚剂保存。

Ⅱ．甲基丙烯酸甲酯的本体聚合及聚甲基丙烯酸甲酯成型

一、实验目的

（1）掌握本体聚合的操作控制技术。

（2）熟悉型材有机玻璃的制备方法。

二、预习要求及操作要点

（1）通过查阅资料了解本体聚合的原理及实验技术。

（2）操作中注意反应温度的变化并对其进行控制。

三、实验原理

本体聚合是单体在引发剂或催化剂、热、光作用下进行的聚合。由于不加其他介质，本体聚合具有合成工序简单、可直接形成制品且产物纯度高的优点。本体聚合的不足是随着聚合反应的进行，转化率提高，体系黏度增大，聚合热难以散出，同时长链自由基末端被包裹，扩散困难，自由基双基终止速率大大减小，自由基浓度增加，使聚合速率急剧增大，因而出现自动加速现象，短时间内产生更多的热量，从而引起相对分子质量分布不均，影响产品性能，严重时则引起暴聚。因此甲基丙烯酸甲酯的本体聚合一般采用三段法聚合。

使用自由基聚合的引发剂，甲基丙烯酸甲酯是按自由基聚合反应历程进行聚合，其活性中心为自由基。自由基聚合反应包括链引发、链增长、链终止和链转移等反应。

链引发：

$$\text{（苯甲酰过氧化物）} \xrightarrow{60\sim100\,^\circ C} 2\,\text{（苯甲酰氧自由基）} \quad (3\text{-}3)$$

$$\text{（苯甲酰氧自由基）} \longrightarrow \text{（苯基自由基）} + CO_2 \quad (3\text{-}4)$$

$$\text{（苯基自由基）} + H_2C{=}\underset{COOCH_3}{\overset{CH_3}{C}} \longrightarrow \text{（苯基）}-CH_2-\underset{COOCH_3}{\overset{CH_3}{\dot{C}}} \quad (3\text{-}5)$$

过氧化二苯甲酰分解产生苯甲酰氧自由基，苯甲酰氧自由基或进一步分解后产生的苯基自由基都可以引发单体生成单体自由基。

链增长：

$$\text{（苯基）}-CH_2-\underset{COOCH_3}{\overset{CH_3}{\dot{C}}} + H_2C{=}\underset{COOCH_3}{\overset{CH_3}{C}} \longrightarrow$$

$$\text{（苯基）}-CH_2-\underset{COOCH_3}{\overset{CH_3}{C}}-CH_2-\underset{COOCH_3}{\overset{CH_3}{\dot{C}}} \quad (3\text{-}6)$$

$$\text{（苯基）}{\Big[}CH_2-\underset{COOCH_3}{\overset{CH_3}{C}}{\Big]}_n CH_2-\underset{COOCH_3}{\overset{CH_3}{\dot{C}}} + H_2C{=}\underset{COOCH_3}{\overset{CH_3}{C}} \longrightarrow$$

$$\text{（苯基）}{\Big[}CH_2-\underset{COOCH_3}{\overset{CH_3}{C}}{\Big]}_{n+1} CH_2-\underset{COOCH_3}{\overset{CH_3}{\dot{C}}}$$

$$(3\text{-}7)$$

链增长可用上述通式表示，每次增长都是单体与自由基的反应，得到增加一个结构单元的自由基。

链终止：

$$(3-8)$$

　　偶合终止和歧化终止都属于双基终止，链转移反应属于单基终止。在本体聚合中有向单体的链转移、向引发剂的链转移、向大分子的链转移，如果是溶液聚合还有向溶剂的链转移。向大分子的链转移使大分子产生支链，其他链转移使聚合物的相对分子质量下降。

　　聚甲基丙烯酸甲酯（PMMA）密度低、机械性能好、耐候性好，而且具有优良的光学性能，俗称有机玻璃，在航空、光学仪器、电器工业、日用品等方面具有广泛的用途。本体聚合得到的聚合物纯净，光学性能好，聚甲基丙烯酸甲酯多采用本体聚合法合成。

四、实验仪器及试剂

　　仪器：锥形瓶（50mL），冷凝管，试管，恒温水浴，温度计（0～100℃），玻璃板（两块），橡皮条。

　　试剂：甲基丙烯酸甲酯（精制），过氧化二苯甲酰。

五、实验步骤

　　（1）聚甲基丙烯酸甲酯成型模具的准备。将作模板的两块玻璃板洗净、干燥，将橡皮条涂上聚乙烯醇糊，置于两玻璃板之间使其黏合起来，注意在一角留出灌浆口，然后用夹子在四边将模板夹紧，也可以用试管作模具。

　　（2）预聚。在 50mL 锥形瓶中加入 15g 甲基丙烯酸甲酯和 0.02g 过氧化二苯甲酰，混合均匀，安装回流冷凝管，通冷凝水。水浴加热，升温至 80～85℃，反应约 20min。注意观察聚合体系的黏度，当体系的黏度类似甘油（预聚物转化率7%～10%）时，停止加热。

（3）聚合。将聚合液趁热倒入模具中，封口。在 60～65℃水浴中恒温反应 2h，或在 40℃反应一周。再将灌浆的玻璃夹板模具放入烘箱中，升温至 95～100℃保持 1h，使残留单体聚合完全。

（4）脱模。撤除夹板，即得到一块透明光洁的有机玻璃薄板。

六、注意事项

（1）甲基丙烯酸甲酯碱洗、去离子水洗至中性后，要彻底干燥，以免在减压蒸馏时带入水分。

（2）要控制好体系真空度，使其在蒸馏过程中保证稳定，避免因真空度变化而形成暴沸，将杂质夹带进接收瓶中。

（3）甲基丙烯酸甲酯本体聚合所用的仪器、模具必须干燥、洁净，避免带入水汽。

（4）预聚反应程度适中，黏度似甘油，黏度太大倒不出来，黏度太小后期易暴聚。

（5）停止反应后，迅速倾斜倒入模具中，避免带入气泡。

七、思考题

（1）从自由基聚合反应机理角度阐述自加速效应。

（2）控制反应程度需要注意哪些事项？

（3）如何解决本体聚合反应热排出困难的问题？

实验 2　膨胀计法测定聚合反应速率

一、实验目的

（1）掌握膨胀计法测定聚合反应速率的原理和方法。

（2）测定甲基丙烯酸甲酯本体聚合反应初期聚合速率，验证聚合速率与单体浓度间的动力学关系。

二、预习要求及操作要点

（1）了解测定聚合反应速率的重要性和方法。

（2）测量时注意数据的准确性。

三、实验原理

1. 聚合反应速率测定

聚合反应速率的测定对工业生产和理论研究具有重要的意义。实验室多

图 3-1　膨胀计
　　　　示意图

采用膨胀计法测定聚合反应速率，由于单体密度小于聚合物密度，因此在聚合过程中聚合体系的体积不断缩小，体积降低的程度依赖于单体和聚合物相对量的变化程度，即体积的变化与单体转化率成正比。如果使用一根直径很小的毛细管来观察体积的变化（图 3-1），测试灵敏度将大大提高，这种方法称为膨胀计法。

若以 ΔV_t 表示聚合反应 t 时刻的体积收缩值，ΔV_∞ 为单体完全转化为聚合物时的体积收缩值，则单体转化率 C_t 可以表示为

$$C_t = \frac{\Delta V}{\Delta V_\infty} = \frac{\pi r^2 h}{V_0 K} \tag{3-9}$$

$$K = \frac{d_p - d_m}{d_p} \times 100\% \tag{3-10}$$

式中，V_0 为聚合体系的起始体积；r 为毛细管半径；h 为某时刻聚合体系液面下降高度；K 为体积收缩；d_p 为聚合物密度；d_m 为单体密度。

因此，聚合反应速率为

$$R_p = -\frac{d[M]}{dt} = \frac{[M]_2 - [M]_1}{t_2 - t_1} = \frac{C_2[M]_0 - C_1[M]_0}{t_2 - t_1} = \frac{C_2 - C_1}{t_2 - t_1}[M]_0 = \frac{dC}{dt}[M]_0 \tag{3-11}$$

因此，通过测定某一时刻聚合体系液面下降高度，即可计算出 t 时刻的体积收缩值和转化率，进而作出转化率与时间的关系图，从曲线的斜率可求出聚合反应速率。

2. 自由基聚合反应动力学关系验证

根据自由基聚合反应机理和链引发、链增长、链终止各基元反应速率方程，以及等活性假定、稳态假定、数均聚合度很大的三个基本假定，推导出自由基聚合反应动力学微分方程：

$$R_p = -\frac{d[M]}{dt} = k_p \left(\frac{f k_d}{k_t} \right)^{1/2} [I]^{1/2}[M] \tag{3-12}$$

聚合反应速率 R_p 与引发剂浓度的 1/2 次方成正比，与单体浓度的一次方成正比。在低转化率情况下，可假定引发剂浓度保持恒定，将微分公式积分可得

$$\ln \frac{[M]_0}{[M]} = kt \tag{3-13}$$

式中，$[M]_0$ 为起始时刻单体浓度；$[M]$ 为 t 时刻单体浓度；k 为常数。

根据单体浓度与单体转化率的关系：

$$[M] = [M]_0(1 - C) \tag{3-14}$$

将式（3-14）代入式（3-13）得

$$\ln[1/(1-C)] = kt \tag{3-15}$$

从实验中测定不同时刻 t 的单体转化率 C，可求出不同时刻的 $\ln[1/(1-C)]$，$\ln[1/(1-C)]$ 对时间 t 作图应得一条直线，由此可验证聚合反应速率与单体浓度的动力学关系式。

膨胀计法测定聚合反应速率既简单又准确，需要注意的是在验证动力学关系式时只适用于转化率在 10%范围内。因为只有在引发剂浓度视为不变的阶段（转化率在 10%以内），k 为常数，$\ln[1/(1-C)]$-t 才呈线性关系。特别是在较高转化率下，体系黏度增大使 k_t 下降，引起聚合反应自加速效应，C-t 不呈线性关系，$\ln[1/(1-C)]$-t 也不呈线性关系。因此，膨胀计法测定聚合反应速率要在低转化率下测定。

四、实验仪器及试剂

仪器：膨胀计（内径标定 r=0.5mm），恒温水浴装置，磨口锥形瓶（25mL），注射器（1mL 和 2mL），称量瓶。

试剂：甲基丙烯酸甲酯单体（除去阻聚剂），过氧化二苯甲酰（精制），丙酮。

五、实验步骤

（1）用 25mL 磨口锥形瓶称量 17g 甲基丙烯酸甲酯，加入 0.1g 精制的过氧化二苯甲酰，摇匀溶解。

（2）在膨胀计毛细管的磨口处均匀涂抹真空油脂（磨口上沿往下 1/3 范围内），将毛细管口与聚合瓶旋转使之严密配合，再用橡皮筋把上下两部分固定好，称量，记为 m_1。

（3）取下膨胀计的毛细管，用注射器将单体溶液缓慢加入聚合瓶至磨口下沿往上 1/4 处，小心避免真空油脂冲入单体，将毛细管垂直对准聚合瓶并迅速地插入其中，用橡皮筋固定好，吸干膨胀计外溢出的单体，称量，记为 m_2。

（4）将膨胀计垂直固定在夹具上，使聚合瓶浸于（50±0.1）℃的恒温水浴中，水面位于磨口上沿以下。此时膨胀计毛细管中的液面由于受热而迅速上升，放入约 5min 后，用 1mL 的注射器（与小锥形瓶已称量，记为 m_0）吸出毛细管刻度以上的溶液，当毛细管液面不再上升，开始计时，并记录液面高度。吸有溶液的注射器放入小锥形瓶再称量，记为 m_3。

（5）当液面开始下降时，聚合反应开始，记录时间及液面高度，以后每隔 3min 记录一次，直至液面降至毛细管以下。

六、数据处理

（1）用计算机处理数据，填入表 3-3。

表 3-3

时间 t/min	液面高度 h/cm	体积变化 ΔV/mL	单体转化率 C/%	$\ln[1/(1-C)]$

膨胀计体积：　　　　　$V_0 = m_M/d_M = [m_2 - (m_3 - m_0) - m_1]/0.94$　　　　　(3-16)

单体转化率为100%时体积变化：

$$\Delta V_\infty = K V_0 = \frac{d_p - d_m}{d_p} V_0 \qquad (3-17)$$

体积变化：　　　　　　　　　$\Delta V = \pi r^2 h$　　　　　　　　　(3-18)

单体转化率：　　　　　　　　$C = \Delta V / \Delta V_\infty$　　　　　　　　(3-19)

（2）用单体转化率 C 对时间 t 作图，求出反应初期的聚合反应速率。

（3）用 $\ln[1/(1-C)]$ 对时间 t 作图，证明聚合反应速率与单体浓度的一次方成正比。

七、注意事项

（1）用注射器将单体溶液注入聚合瓶，要使液面上的气泡消失后再插入毛细管。旋紧聚合瓶与毛细管。

（2）用注射器吸取毛细管上的溶液后，液体保留在注射器内，液面再上升，再次直接吸取，避免单体挥发测量不准。

八、思考题

（1）膨胀计法测定聚合反应动力学的原理是什么？为什么只能在低转化率下检验聚合反应动力学微分方程？

（2）如采用偶氮二异丁腈作引发剂，聚合反应速率会如何变化？实验过程中有何现象发生？

实验 3　紫外光固化反应

一、实验目的

（1）了解光固化反应原理。

（2）了解光固化反应实验方法。

二、预习要求及操作要点

（1）了解光固化反应原理和光固化反应实验方法。

（2）通过实验总结光固化时间与涂膜固化的关系。

三、实验原理

光固化是利用光的能量引发涂料中的低分子预聚物或低聚物及作为活性稀释剂的单体分子之间的聚合及交联反应，得到硬化漆膜。常用的光源是紫外光（UV）。

光敏涂料是光固化反应的重要应用之一。与传统的自然干燥或热固化涂料相比，光固化具有以下优点：①固化速率快，可在数十秒内固化，适于要求立刻固化的场合；②能量消耗低，这一特点尤其适于不宜高温加热的材料；③环境污染少，固化过程不像一般涂料那样伴随大量溶剂的挥发，因此降低了环境污染，减少了材料消耗，使用也更安全；④可自动化涂装，从而提高生产效率。光敏涂料不仅可以代替常规涂料用于木材和金属表面的保护和装饰，而且在光学器件、液晶显示器、电子器件的封装、光纤外涂层等应用领域得到日益广泛的应用。

紫外光固化涂料体系主要是由预聚物、光引发剂或光敏剂、活性稀释剂及其他添加剂（如着色剂、流平剂及增塑剂等）构成。紫外光固化涂料经紫外光照射后，首先光引发剂吸收紫外光辐射能量而被激活，其分子外层电子发生跳跃，在极短的时间内生成活性中心，然后活性中心与树脂中的不饱和基团作用，引发光固化树脂和活性稀释剂分子中的双键断开，发生连续聚合反应，从而相互交联成膜。化学动力学研究表明，紫外光促使紫外涂料固化的机理属于自由基连锁聚合。

预聚物是紫外光固化涂料中最重要的成分，涂层的最终性能（如硬度、柔韧性、耐久性和黏性等）在很大程度上与预聚物有关。作为光敏涂料预聚物，应该具有能进一步发生光聚合或光交联反应的能力，因此必须带有可聚合的基团。为了取得合适的黏度，预聚物通常为相对分子质量较小（1000～5000）的低聚物。预聚物的主要品种有环氧丙烯酸树脂、不饱和聚酯、聚氨酯等。其中国内使用最多的是环氧丙烯酸树脂，它是由环氧树脂与丙烯酸以1：2的比例配比反应得到的。

光引发剂或光敏剂都是在光聚合中起到促进引发聚合的化合物，但两者的作用机理不同。前者在光照下分解成自由基或阳离子，引发聚合反应；后者受光照首先激发，进而再以适当的频率将吸收的能量传给单体，产生自由基引发聚合。自由基引发剂有安息香类、苯乙酮类、硫杂蒽酮类等。双芳酰基磷氧化合物引发剂，引发效率高，可深层固化且具有光漂白的作用。而高分子光引发剂、可聚合性光引发剂，用来克服小分子光引发剂分解后在固化膜中残留的小分子或碎片对固化膜的劣化作用。

活性单体是一种功能性单体，其作用是调节紫外光固化涂料的黏度，对黏度较大的低聚物进行稀释，因此又称稀释剂。活性单体可调节涂料黏度以便于施工（涂布），可控制涂料的固化交联密度，改善涂膜的物理、机械性能，参与固化成膜。活性单体在结构上含有不饱和双键，如（甲基）丙烯酰基、乙烯基、烯丙基等。一般分为单官能度、双官能度和多官能度稀释剂，官能度越大，固化速率越快。

光固化反应会受到空气中氧的抑制，又称氧的阻聚，特别是表层中氧的浓度最高，氧的抑制作用常导致下层已固化、表层仍未固化而发黏。为克服氧的阻聚作用，方法之一是在体系中添加氧清除剂，有机胺便是其中的一种。其作用机理是有机胺可提供活泼氢，终止氧自由基。

本实验配制的光敏涂料的组成：环氧丙烯酸树脂为预聚物，甲基丙烯酸-β-羟乙酯（HEMA）和三羟甲基丙烷三丙烯酸酯（TMPTA）为活性稀释剂，α-羟基异丙基苯基酮（DARocur1173）为光引发剂，三乙醇胺为氧清除剂。由于配方没有颜料，固化后的涂膜是无色透明的，所得的光敏涂料又称紫外（光固化）光油，可作罩光清漆使用。

四、实验仪器及试剂

仪器：紫外固化机（KW-4AC）。

试剂：环氧丙烯酸树脂，甲基丙烯酸-β-羟乙酯，三羟甲基丙烷三丙烯酸酯，α-羟基异丙基苯基酮，三乙醇胺。

五、实验步骤

（1）在 50mL 烧杯中加入 1.0g 环氧丙烯酸树脂，0.3g 甲基丙烯酸-β-羟乙酯，0.6g 三羟甲基丙烷三丙烯酸酯，0.03g α-羟基异丙基苯基酮，0.07g 三乙醇胺，搅拌均匀。

（2）将混合物倒在紫外光固化剂所在的吸盘上，用玻璃棒涂匀。将吸盘卡进电机立柱上，放入紫外光固化机中。

（3）接通电源，电机转动，转速为 $5\sim6\text{r}\cdot\text{min}^{-1}$，合上机箱盖，面板上指示灯亮，此时紫外灯接通，10s 后打开机箱，再次按下面板上的开关，拔出已固化好的吸盘。

六、注意事项

（1）吸盘放平后再涂敷紫外光固化树脂，玻璃棒上缠上铁丝以控制涂膜厚度并使涂敷均匀。

（2）光固化时间不足时涂膜固化不好，可以再用紫外光固化几秒钟。

七、思考题

（1）光引发剂和光敏剂的作用机理是什么？

（2）光固化与光聚合有何区别？

实验 4　苯乙烯的原子转移自由基聚合

一、实验目的

（1）认识原子转移自由基聚合的基本原理。

（2）掌握苯乙烯在溶液中原子转移自由基聚合的实验方法。

二、预习要求及操作要点

（1）查阅了解原子转移自由基聚合的基本原理。

（2）排出体系中的水和空气是本实验成功的关键步骤。

三、实验原理

自由基聚合相对于离子聚合有更多的优点，对单体的选择性低，绝大多数烯类单体可以进行自由基聚合；适用的聚合反应方法多，可用本体聚合、溶液聚合、悬浮聚合、乳液聚合等多种方法；反应条件温和，反应温度在室温至 150℃；引发方式多样，可以用引发剂引发、热引发或光引发。自由基聚合有如此多的优点，如果能实现自由基的活性聚合将容易制备多种单分散聚合物和嵌段共聚物，为大分子设计提供更方便的实验技术。

自由基很活泼，极易发生终止反应，严格的自由基活性聚合难以实现，但当自由基浓度很低时，终止速率相对于增长速率可忽略。

$$R_t/R_p = (k_t/k_p) \times [P\cdot]/[M] \tag{3-20}$$

控制活性自由基的浓度，可以实现自由基可控聚合。增长反应活化能高于终止反应活化能，由式（3-20）可知，升高温度使终止速率与增长速率的比值下降，有利于自由基可控聚合。

在实际操作中，要使自由基聚合成为可控聚合，聚合反应体系中必须具有低而恒定的自由基浓度。因为对增长自由基浓度而言，终止反应为动力学二级反应，而增长反应为动力学一级反应。而既要维持可观的聚合速率（自由基浓度不能太低），又要确保反应过程中不发生活性种的失活现象（消除链终止、链转移反应），需要解决两个问题，一是如何在自聚合反应开始直到反应结束始终控制如此低的反应活性种浓度；二是在如此低的反应活性种浓度的情况下，如何避免所得聚合物的聚合度过大：

$$DP_n = [M]_0/[P\cdot] = 1/10^{-8} = 10^8 \tag{3-21}$$

为解决这一矛盾，通过在活性种与休眠种之间建立快速交换反应，即建立一个可逆的平衡反应：

$$P—X \underset{k_a}{\overset{k_d}{\rightleftharpoons}} P\cdot + \cdot X$$

反应物 X 不能引发单体聚合，但可与自由基 P·迅速作用而发生钝化反应，生成一种不会引发单体聚合的"休眠种" P—X。而此休眠种在实验条件下又可均裂成增长自由基 P·和 X。这样，体系中存在的自由基活性种浓度将取决于 3 个参数：反应物 X 的浓度、钝化速率常数 k_d 和活化速率常数 k_a。其中，反应物 X 的浓度是可以人为控制的。研究表明，如果钝化反应和活化反应的转换速率足够快（不小于链增长速率），则在活性种浓度很低的情况下，聚合物相对分子质量将不由 P·而由 P—X 的浓度决定：

$$\overline{DP} = [M]_0 \times C/[P—X] \tag{3-22}$$

由此可见，借助 X 的快速平衡反应不但使自由基浓度控制得很低，而且可以控制产物的相对分子质量。因此，可控自由基聚合成为可能。但是上述方法只是改变了自由基活性中心的浓度而没有改变其反应本质，因此是一种可控聚合，而并不是真正意义上的活性聚合。为了区别于真正意义上的活性聚合，通常人们将这类宏观上类似于活性聚合的聚合方法称为活性/可控聚合。

原子转移自由基聚合是 1989 年发现的，是目前研究最活跃的一种可控自由基聚合，聚合反应机理如下：

a. 链的引发：

$$R—X + CuX(bpy) \rightleftharpoons R\cdot + CuX_2(bpy)$$

$$\Big\downarrow k_i \; M \tag{3-23}$$

$$R—M—X + CuX(bpy) \rightleftharpoons R—M + CuX_2(bpy)$$

b. 链的增长：

$$\tag{3-24}$$

首先，低价态的过渡金属从引发剂有机卤化物分子 RX 上夺取卤原子生成高价态的过渡金属，同时生成自由基 R·，R·加成到烯烃的双键上，形成单体自由基 RM·，随后 RM·又与高价态的过渡金属反应得到 RMX，过渡金属由高价态还原为低价态，以上是引发过程。增长过程同引发过程相似，所不同的只是卤化物由小分子的有机卤化物分子变成大分子卤代烷 RMX。从上面的反应式可以看出,自由基的活化-失活可逆平衡趋于休眠种方向,因此体系中自由基的浓度很低,自由基之间的双基终止得到有效的控制。而且,通过选择合适的聚合体系组成（引发剂/过渡金属卤化物/配位剂/单体）,可以使引发反应速率大于或至少等于链增长速率。同时,活化-失活可逆平衡的交换速率远大于链增长速率。这样保证了所有增长链同时进行引发,并且同时进行增长,使 ATRP 显示活性聚合的基本特征:聚合物的相对分子质量与单体转化率成正比,相对分子质量的实测值与理论值基本吻合,相对分子质量分布较窄。原子转移自由基聚合有多种应用,可用于制备相对分子质量分布窄的聚合物。

选择不同结构的引发剂进行分子设计,可以制备特殊结构的聚合物。由于聚合后得到的聚合物末端为 C—X 键,提纯后以其作为引发剂,加入第二种单体,可继续进行原子转移自由基聚合,从而制备嵌段共聚物。用单官能团引发剂可以制备 AB 型二嵌段共聚物,如果再加入第三单体可制备 ABC 三嵌段共聚物。用双官能团引发剂可以制备对称的嵌段共聚物,BAB 型三嵌段或 CBABC 型五嵌段共聚物,还可以制备星形、梳形共聚物。

四、实验仪器及试剂

仪器:聚合瓶（100mL）,磁力搅拌器,油浴,低温冷却浴,真空装置一套,注射器（10mL、30mL）,高纯氮气,止血钳,医用厚壁乳胶管。

试剂:苯乙烯,苄基氯,溴化亚铜,2,2-联吡啶,甲苯,乙醇。

五、实验步骤

（1）连接一套抽排装置,用医用厚壁乳胶管与高纯氮气体系连接。向甲苯和苯乙烯中通入高纯氮气除氧 30min。

（2）聚合装置如图 3-2 所示,在聚合瓶中加入磁力搅拌子、溴化亚铜 0.0717g（0.5mmol）、2,2-联吡啶 0.158g（1mmol）,连接在抽排装置上。体系抽真空、充氮气,反复进行三次。称取引发剂苄基氯 0.0673g、单体 12mL、甲苯 12mL,混匀。用注射器加入聚合瓶中。聚合瓶置于冷冻盐水中,将聚合体系抽真空、充高纯氮气,反复进行三次。

（3）聚合瓶置于 110℃油浴中进行聚合。约 6h 后结束聚合。

（4）将聚合液倒入大量的乙醇中沉淀,然后过滤,冷却。产品置于真空烘箱中（40～50℃）干燥至恒量,称量。

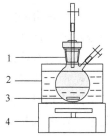

图 3-2　聚合反应装置

1. 聚合瓶; 2. 水浴; 3. 搅拌子; 4. 磁力搅拌器

六、注意事项

为了获得相对分子质量高及分布窄的聚苯乙烯，须排净体系中的空气、水分等。

七、思考题

(1) 原子转移自由基聚合与阴离子活性聚合相比，有哪些优点和缺点？

(2) 用何种引发剂可制备 6 臂星形聚苯乙烯？

3.2　溶　液　聚　合

将单体溶于溶剂中进行聚合反应的方法称为溶液聚合。溶液聚合反应生成的聚合物有的溶于溶剂，有的不溶于溶剂，前者称为均相聚合，后者称为沉淀聚合。在沉淀聚合反应中，由于聚合处于非良溶剂中，聚合物链卷曲，端基被包埋，聚合一开始就出现自动加速现象，不存在稳态阶段，随着转化率的提高，包埋程度加深，自动加速效应也相应增强。沉淀聚合动力学与均向聚合动力学明显不同，均相聚合时按双基终止机理，聚合速率与引发剂浓度的 1/2 次方成正比，而沉淀聚合一开始就是非稳态，随着包埋程度的加深，自由基只能单基终止，故聚合速率与引发剂浓度成正比。

在均相溶液聚合中，由于聚合物处于良溶剂环境中，聚合物链处于比较伸展的状态，包埋程度浅，链段扩散容易，活性端基容易相互靠近，而发生双基终止。只有在高转化率时，才开始出现自动加速现象，若单体浓度不高，则有可能消除自动加速效应，使反应遵循正常的自由基聚合动力学规律。溶液聚合是研究聚合反应机理及聚合反应动力学常用的方法之一。

进行溶液聚合时，由于溶剂并非完全是惰性的，其对反应产生各种影响。选择溶剂时应考虑以下几方面：

(1) 聚合物的溶解性能。溶剂对聚合物溶解性的影响决定活性链的形态（蜷曲或舒展）及其黏度，决定着链终止速率与相对分子质量的分布。与本体聚合相比，溶液聚合体系具有黏度较低、混合及传热比较容易、不易产生局部过热、温度容易控制等优点。但由于有机溶剂费用高、回收困难等，溶液聚合在工业上很少应用，只有在直接使用聚合物溶液的情况下采用溶液聚合的方法，如涂料、胶黏剂、浸渍剂和合成纤维纺丝液等。

(2) 溶剂的链转移作用。自由基是一个非常活泼的反应中心，它不仅能引发单体，还能与溶剂反应，夺取溶剂分子中的一个原子，如氢或氯，溶剂链转移使聚合物相对分子质量降低。若反应生成的自由基活性降低，则聚合速率下降。

（3）对引发剂的诱导分解作用。偶氮类引发剂的分解速率受溶剂的影响很小，但溶剂对有机过氧化物引发剂有较大的诱导分解作用。这种作用按下列顺序依次增大：芳烃＜烷烃＜醇类＜胺类。诱导分解的结果使引发剂的引发效率降低。

溶液聚合体系根据单体和溶液亲水性质可分为单体+油溶性引发剂+溶剂或单体+水溶性引发剂+水两种体系。油溶性引发剂主要有偶氮类引发剂和过氧类引发剂，偶氮类引发剂有偶氮二异丁腈、偶氮二异庚腈、偶氮二异戊腈、偶氮二环己基甲腈、偶氮二异丁酸二甲酯引发剂等。水溶性引发剂主要有过硫酸盐、氧化还原引发体系、偶氮二异丁脒盐酸盐（V-50 引发剂）、偶氮二异丁咪唑啉盐酸盐（VA-044 引发剂）、偶氮二异丁咪唑啉（VA061 引发剂）、偶氮二氰基戊酸引发剂等。

溶液聚合体系的黏度比本体聚合低，混合和散热比较容易，生产操作和温度都易于控制，还可利用溶剂的蒸发以排出聚合热。若为自由基聚合，单体浓度低时可不出现自动加速效应，从而避免暴聚并使聚合反应器设计简化。缺点是对于自由基聚合往往收率较低，聚合度也比其他方法小，使用和回收大量昂贵、可燃、甚至有毒的溶剂，不仅增加生产成本和设备投资、降低设备生产能力，还会造成环境污染。如要制得固体聚合物，还要配置分离设备，增加洗涤、溶剂回收和精制等工序。因此，在工业上只有采用其他聚合方法有困难或直接使用聚合物溶液时，才采用溶液聚合。

实验 5　丙烯酰胺的溶液聚合

一、实验目的

（1）加强认识溶液聚合的原理和方法。

（2）学习如何选择溶剂。

（3）掌握实验微波炉的使用方法。

二、预习要求及操作要点

（1）了解溶液聚合的原理及实验操作技术。

（2）了解微波加热原理。

（3）认识丙烯酰胺溶液聚合的实际应用。

三、实验原理

丙烯酰胺溶于水，丙烯酰胺的溶液聚合用水作溶剂，其优点是价廉、无毒、链转移常数小，对单体及聚合物溶解性能都好。丙烯酰胺的水溶液聚合为均相聚合。

化学实验中加热方法有多种。物料加热按其导热方式可分为两类：一类是依靠物料表面将热介质热量逐层传入物料内部使之升温的方法，称为表面热传导加热法，即常规加热法，其热介质可分为：气体如热空气、蒸汽，液体如水浴、油浴，固体如加热块及远红外线辐射（热源）等。另一类为依靠微波（波长为几米到几十厘米）透入物料内，微波与物料的极性分子间相互作用使电磁能转化为热能，物料内各部分都在同一瞬间获得热量而升温，这种在微波作用下使物料加热的方法称为微波加热法。这两种加热方式及其热传导特性是迥然不同的。物料吸收微波能是物料中极性分子与微波电磁场相互作用的结果。在外加交变电磁场作用下，物料内极性分子极化并随外加交变电磁场极性变更而交变取向。物料中众多的极性分子因频繁转向（约每秒 10^8 次）而相互间摩擦，使电磁能转化为热能。微波加热的特征如下：①加热迅速，微波能在物料内转化为热能的过程具有即时特征，微波一照射，立即引起偶极分子随微波频率的运动使物料迅速升温，普通加热需几小时完成的反应，微波加热只需几分钟；②节能，不需对加热介质预热，能量转化率高；③经济环保，没有加热介质。不是所有的物质都可以用微波加热，对微波反射和投射的物质不能用微波加热，如金属材料可以屏蔽微波，防止微波泄漏。

使用微波加热要注意，微波对水溶液加热比较安全，对有机溶液加热一定要避免有机溶剂挥发到微波炉内，避免发生着火爆炸等安全事故。化学实验加热使用实验专用微波炉。

聚丙烯酰胺是一种优良的絮凝剂，水溶性好，被广泛应用于石油开采、选矿、化学工业及水处理等方面。

四、实验仪器及试剂

仪器：NJL07-3 型实验专用微波炉，烧杯。

试剂：丙烯酰胺，乙醇，过硫酸铵。

五、实验步骤

（1）取 5g 丙烯酰胺，50mL 蒸馏水加入大烧杯中，搅拌溶解，0.03g 过硫酸铵溶于 5mL 水中，将其加入丙烯酰胺水溶液中。

（2）将盛有丙烯酰胺水溶液的大烧杯放入微波炉中加热 1.0～2.0min。

（3）反应完毕后，将 75mL 乙醇倒入聚丙烯酰胺水溶液中，边倒边迅速搅拌，使聚丙烯酰胺沉淀。静置片刻，再加少量乙醇检验沉淀是否完全，完全沉淀后用布氏漏斗抽滤。

（4）用少量乙醇将沉淀润洗三次，转移至表面皿，自然晾干后在真空干燥箱中 30℃干燥至恒量，称量，计算产率。

六、注意事项

（1）大烧杯中加水和单体，溶解后加引发剂，搅拌溶解。

（2）微波炉加热时间不能过长。

（3）将乙醇倒入反应混合物中，迅速搅拌至分散状沉淀物生成。

（4）抽滤，乙醇润洗，抽干，自然晾干后放入真空干燥箱中干燥，避免真空干燥箱中乙醇蒸气过多引起着火或爆炸。

七、思考题

（1）选择溶剂应该注意哪些问题？

（2）工业上在什么情况下采用溶液聚合？

（3）微波加热原理是什么？

（4）使用微波炉时需注意什么？

实验 6　丙烯腈沉淀聚合

一、实验目的

（1）认识氧化还原体系引发自由基聚合反应的原理和特点。

（2）通过丙烯腈的沉淀聚合，熟悉沉淀聚合的特点。

二、预习要求及操作要点

（1）了解氧化还原体系引发自由基聚合反应的原理和特点。

（2）操作中注意控制反应温度来缓解控制自加速反应。

三、实验原理

溶液聚合是将单体和引发剂溶于溶剂中呈均相，然后加热聚合。若聚合物溶于溶剂，聚合反应过程中始终为均相，则为典型的溶液聚合。若聚合物不溶于溶剂，反应混合物呈非均相，则称为沉淀聚合。沉淀聚合反应开始后，很快出现白色沉淀，随着反应的进行，沉淀越积越多而形成泥浆。丙烯腈的水溶液（10%）聚合即属这种情况。

丙烯腈在水中有一定的溶解度（20℃时在水中的溶解度为 7.3%），聚丙烯腈不溶于水，所以丙烯腈在水中进行沉淀聚合。丙烯腈在水溶液中聚合反应可采用水溶性引发剂，过硫酸钾是水溶性引发剂，分解活化能为 125.4kJ·mol^{-1}。

$$\begin{matrix} O & & O & & O \\ \parallel & & \parallel & & \parallel \\ ^-O-S-O-O-S-O^- & \longrightarrow & 2\ ^-O-S-O\cdot \\ \parallel & & \parallel & & \parallel \\ O & & O & & O \end{matrix} \tag{3-25}$$

引发剂分解反应温度范围在 40~80℃。若加入水溶性的还原剂组成氧化还原体系，可以降低过硫酸钾分解反应温度。如以 Fe^{2+} 为还原剂：

$$S_2O_8^{2-} + Fe^{2+} \longrightarrow SO_4^- \cdot + Fe^{3+} + SO_4^{2-} \tag{3-26}$$

此时，过硫酸钾分解的活化能为 $40kJ\cdot mol^{-1}$。这样可使聚合反应在较低的温度下进行或提高引发和聚合反应的速率。

本实验采用过硫酸钾为氧化剂，亚硫酸氢钠和硫酸亚铁铵为还原剂组成的氧化还原引发体系。

氧化还原引发反应为

$$S_2O_8^{2-} + Fe^{2+} \longrightarrow SO_4^{2-} + SO_4^- \cdot + Fe^{3+}$$
$$S_2O_8^{2-} + HSO_3^- \longrightarrow SO_4^{2-} + SO_4^- \cdot + HSO_3 \tag{3-27}$$

体系中还有其他的氧化还原反应

$$HSO_3^- + Fe^{3+} \longrightarrow HSO_3 \cdot + Fe^{2+} \tag{3-28}$$

$$SO_4^- \cdot + H_2O \longrightarrow SO_4^- + \cdot OH \tag{3-29}$$

由于亚硫酸氢钠与 Fe^{3+} 反应，可以减少硫酸亚铁铵的用量。在使用氧化还原引发体系时，还原剂的用量不能超过氧化剂的用量，避免过多的还原剂与氧化剂分解后发生自由基作用，使引发效率降低。在聚合反应过程中，由于长链自由基不溶于丙烯腈水溶液，呈卷曲状沉淀下来，使端基被包封，双基终止被抑制，自由基寿命延长，体系的自由基数目增多，导致聚合速率加快，出现自加速效应。

聚丙烯腈均聚物的内聚能大，不易加工也不易染色。在工业生产中，聚丙烯腈的合成是用丙烯腈与第二、第三单体共聚，丙烯酸甲酯的引入可增加柔韧性，带有酸性或碱性基团的单体可提高染色性。聚丙烯腈多用于生产合成纤维，俗称腈纶，它在合成纤维中占第三位。腈纶的手感性似羊毛，柔软、耐磨、质量轻、保温性也好。腈纶经处理后，可制成耐高温达到 1000℃的碳纤维、耐高温达到3000℃的石墨纤维及半导体纤维。

四、实验仪器及试剂

仪器：氮气钢瓶，锥形瓶。

试剂：过硫酸钾（配成 0.4%的水溶液），亚硫酸氢钠（配成 1%的水溶液），硫酸亚铁铵（配成 0.005%的水溶液），碳酸钠（配成 1%的水溶液），新蒸馏的丙烯腈，自制脱氧蒸馏水。

五、实验步骤

（1）仪器安装，锥形瓶中加 40mL 脱氧蒸馏水，用 N_2 置换反应器内空气后，加 5mL 丙烯腈，加 2mL 硫酸亚铁铵水溶液和 0.4mL 硫酸的混合物，水浴加热，温度达 50℃时停止加热。

（2）温度上升至 50℃时，加 2.5mL 过硫酸钾和 5mL 亚硫酸氢钠，溶液出现白色沉淀，反应液呈乳白色。反应初期放热量大，注意控温，50℃保持反应 1h。反应混合物降温后，放入微波炉中加热 30s，放置继续反应。

（3）反应混合物温度降至室温后，加碳酸钠溶液 1.5mL 终止聚合反应。用布氏漏斗抽滤聚合物，蒸馏水洗两次，再用 1mL 乙醇润洗一次，50℃烘箱中干燥，称量，计算产率。

六、注意事项

（1）N_2 置换反应器内空气时，N_2 流量控制：导管插入水中以产生连续气泡流为宜。

（2）脱氧蒸馏水的制备：蒸馏水煮沸 5min。

（3）为了防止空气进入反应器中，可以用翻口塞盖住锥形瓶，用注射器加药品，插入第二个针头放气。

（4）微波加热时，打开翻口塞，防止加热后气体膨胀使反应混合物喷出。

七、思考题

（1）氧化剂和还原剂加入完毕后仍无反应怎么办？

（2）沉淀聚合有何特点？

实验 7　乙酸乙酯的溶液聚合

一、实验目的

（1）掌握乙酸乙酯溶液聚合的方法。

（2）进一步掌握溶液聚合的反应特点。

（3）掌握利用有机溶剂作为反应体系的注意事项和操作要点。

二、预习要求及操作要点

（1）了解溶液聚合的原理及实验操作技术。

（2）预习本实验的各操作步骤。

（3）认识聚乙酸乙烯酯的实际应用。

三、实验原理

聚乙酸乙烯酯是涂料、胶黏剂的重要成分之一，同时是合成聚乙烯醇的聚合物前体。聚乙酸乙烯酯是由单体乙酸乙烯酯在引发剂过氧化物（peroxide）、偶氮化物或光照引发下聚合而成。根据反应条件，如反应温度、引发剂浓度和溶剂的不同，可以得到相对分子质量从几千到几十万的聚合物，聚合方法有本体聚合、溶液聚合或乳液聚合等方式。这几种聚合方法在工业上都有应用，采用何种聚合方法取决于产物的用途，如作涂料或胶黏剂（adhesives）时，可以采用乳液聚合（emulsion polymerization）或溶液聚合；作热熔胶（hot melt adhesive）时，可以采用本体聚合或溶液聚合。本实验采用溶液聚合方法进行。

乙酸乙烯酯的溶液聚合就是将引发剂、单体溶解在溶剂中形成均相体系（homogeneous system），然后加热或光照引发聚合。在聚合过程中通过溶剂的回流带走热量，使聚合温度保持平稳。聚合反应方程式如下

$$
n \begin{array}{c} H_2C{=}CH \\ | \\ O \\ | \\ C{=}O \\ | \\ CH_3 \end{array} \xrightarrow{\text{AIBN}} \begin{array}{c} {+}H_2C{-}CH{+}_n \\ | \\ O \\ | \\ C{=}O \\ | \\ CH_3 \end{array} \tag{3-30}
$$

能溶解乙酸乙烯酯的溶剂很多，如甲醇、苯、甲苯、丙酮、三氯乙烷、乙酸乙酯、乙醇等，由于溶液聚合合成的聚乙酸乙烯酯通常用来醇解合成聚乙烯醇，因此工业上通常采用甲醇或乙醇作为溶剂。

本实验以乙醇为溶剂进行乙酸乙烯酯的溶液聚合。

四、实验仪器及试剂

仪器：四口烧瓶，搅拌器，温度计，冷凝管，氮气导管，恒温水浴。

试剂：乙醇，乙酸乙烯酯，偶氮二异丁腈。

五、实验步骤

（1）在装有搅拌器、冷凝管、温度计和氮气导管的 250mL 四口烧瓶中加入 50mL 乙酸乙烯酯、0.25g 偶氮二异丁腈、25mL 乙醇，开动搅拌使固体物完全溶解。

（2）通氮气，水浴加热至瓶内物料回流（瓶内温度 70～78℃），反应 1.5h，得到透明的黏状物，再加入乙醇 70mL，保持回流 0.5h，冷却后出料。

（3）称取 3～4g 聚合好的溶液，在通风橱内用红外灯（infrared lamp）加热，使大部分溶剂挥发，然后转入真空烘箱中于 80℃烘干至聚合物质量不再变化，计

算转化率（conversion rate）。

六、注意事项

（1）第二步反应回流 1.5h 时，如果体系黏度（viscosity）比较大，可以提前补加乙醇。

（2）第二步反应结束后一定要待反应物完全冷却后再进行第三步反应。进行第三步反应时，称量速度要快，防止乙醇挥发影响测量结果。

（3）产物倒入瓷盘时要将其平铺，瓷盘中水量要适当，铺好后不要搅动。

（4）抽滤，乙醇润洗，抽干，自然晾干后放入真空干燥箱中干燥，避免真空干燥箱中乙醇蒸气过多引起着火或爆炸。

七、思考题

（1）根据本实验条件及投料量计算平均聚合度。

（2）为什么溶剂乙醇在实验过程中分两步加入？

（3）如果反应采用过氧化苯甲酰作引发剂会有什么结果？原因是什么？

实验 8　苯乙烯与顺丁烯二酸酐交替共聚

一、实验目的

（1）掌握共聚合的基本原理和实验方法。

（2）了解开环酯化反应原理及其作用。

（3）测定苯乙烯-顺丁烯二酸酐共聚物（copolymer）的组成。

二、预习要求及操作要点

（1）了解交替共聚原理，预习沉淀聚合相关知识及高分子反应特点。

（2）预习本实验的各操作步骤。

（3）酸碱滴定（acid-base titration）原理。

三、实验原理

顺丁烯二酸酐由于分子结构对称，极化度低，一般不能发生均聚（homopolymerization），但是能与苯乙烯进行很好的共聚。关于其聚合反应机理目前有两种理论。"过渡态极性效应理论"认为，在反应过程中，链自由基与单体加成后形成因共振作用而稳定的过渡态。以苯乙烯与马来酸酐共聚合为例，因极性效应，苯乙烯自由基更易与马来酸酐单体形成稳定的共振过渡态，因而优先与马来酸酐进行交叉链增长反应；反之，马来酸酐自由基则优先与苯乙烯单体加成，结果得到交替共聚物。

$$n\,H_2C=CH + n\,CH=CH \longrightarrow \left[H_2C-CH-CH-CH \right]_n \quad (3-31)$$

"电子转移复合物均聚理论"则认为，两种不同极性的单体先形成电子转移复合物，该复合物再进行均聚反应得到交替共聚物，这种聚合方式不再是典型的自由基聚合。

这样的单体对在自由基引发下进行共聚反应，当单体的组成为 1∶1 时，聚合物反应速率最大；不管单体组成比如何，总是得到交替共聚物，加入路易斯酸可增强单体的吸电子性，从而提高聚合反应速率；链转移剂的加入对聚合产物相对分子质量的影响很小。

四、实验仪器及试剂

仪器：磁力搅拌器，冷凝管，温度计，三口烧瓶，恒温水浴，抽滤装置。

试剂：甲苯，苯乙烯，马来酸酐，偶氮二异丁腈。

五、实验步骤

（1）在装有冷凝管、温度计与搅拌器的三口烧瓶中分别加入 75mL 甲苯、2.9mL 新蒸苯乙烯、2.5g 马来酸酐及 0.005g 偶氮二异丁腈，将反应混合物在室温下搅拌至反应物全部溶解成透明溶液，保持搅拌，将反应混合物加热升温至 85～90℃，可观察到有苯乙烯-马来酸酐共聚物沉淀生成，反应 1h 后停止加热反应，混合物冷却至室温后抽滤，所得白色粉末在 60℃下真空干燥，称量，计算产率。比较聚苯乙烯与苯乙烯-马来酸酐共聚物的红外光谱。

（2）共聚物组成可通过测定酸值的方法确定，具体操作如下：精确称取 0.10g 产物，在锥形瓶中用丙酮溶解，加 4 滴酚酞指示剂，用 $0.1\,mol\cdot L^{-1}$ KOH 标准溶液滴定至终点，再加入 2mL $0.1\,mol\cdot L^{-1}$ KOH 溶液，塞进瓶口，放置 10min 后用 $0.1\,mol\cdot L^{-1}$ H_2SO_4 标准溶液返滴至无色，并做空白实验。酸值计算公式如下：

$$酸值 = \frac{V_1 M_1 - 2V_2 M_2 - V_3 M_1}{m} \times 56.1 \quad (3-32)$$

式中，M_1 和 M_2 分别为 KOH 和 H_2SO_4 标准溶液物质的量浓度，$mol\cdot L^{-1}$；V_1 为滴定试样消耗的 KOH 溶液的体积，mL；V_2 为 H_2SO_4 标准溶液的体积，mL；V_3 为空白实验消耗 KOH 溶液的体积，mL；m 为样品质量，mg。

六、注意事项

（1）反应瓶应干燥，不能有水，否则实验易失败。

（2）聚合反应过程中要严格控制反应温度，避免反应放热而引起冲料或暴聚。

（3）为了提高产率可以在反应后期（大量沉淀生成）升高温度至80℃，使反应完全。

（4）由于所用溶剂有毒，反应结束后，一定要待反应产物温度降到室温再进行过滤，并尽可能在通风橱内完成。

（5）标定过程中由于共聚物与NaOH的反应是高分子化学反应，其反应特点是反应速率慢，反应不完全，因此滴定之前需加热，一定要确保聚合物完全溶解。

七、思考题

（1）马来酸酐自身很难聚合，但与苯乙烯共聚很容易，为什么？其共聚物结构如何？

（2）苯乙烯-马来酸酐共聚物不溶于稀碱，而与丁醇反应所得到的改性苯乙烯-马来酸酐共聚物可溶于稀碱，为什么？

（3）对所得共聚物的产率及共聚物组成的实验值与计算值进行比较，分析生成误差的可能原因。

3.3　悬浮聚合

悬浮聚合是在强烈搅拌和分散剂的作用下，将单体以小液滴状分散在不相溶的介质中进行的聚合反应。在每个小液滴内单体的聚合类似于本体聚合，遵循自由基聚合的机理。悬浮聚合与本体聚合的反应动力学过程相同。由于悬浮聚合有分散介质，散热面积大，避免了聚合热难排出的问题。单体小液滴聚合后得到珠状树脂，容易与介质分离得到较纯净的聚合物。不溶于水的单体可以用水作分散介质进行悬浮聚合，溶于水的单体可以在有机溶剂中进行反相悬浮聚合。

反应体系组成为单体+油溶性引发剂+双亲性分散剂+去离子水，油溶性引发剂主要有偶氮引发剂和过氧类引发剂，偶氮类引发剂有偶氮二异丁腈、偶氮二异庚腈、偶氮二异戊腈、偶氮二环己基甲腈、偶氮二异丁酸二甲酯引发剂等，过氧化物主要是过氧化二苯甲酰这一类物质。分散剂是以有机和无机区分，有机有聚乙烯醇类，无机有碳酸钙、碳酸镁、硫酸钡等。具体用哪种可根据产品的性能要求来决定。

悬浮聚合体系一般由单体、引发剂、水、分散剂四个基本组分组成。悬浮聚合体系是热力学不稳定体系，需借搅拌和分散剂维持稳定。在搅拌剪切作用下，溶有引发剂的单体分散成小液滴，悬浮于水中引发聚合。不溶于水的单体在强力搅拌作用下被粉碎分散成小液滴，它是不稳定的，随着反应的进行，分散的液滴可能凝结成块，为防止黏结，体系中必须加入分散剂。悬浮聚合产物的颗粒粒径一般为 0.05～0.2mm，其形状、大小随搅拌强度和分散剂的性质而定。

在悬浮聚合中，影响颗粒大小的因素主要有三个，即分散介质、分散剂和搅拌速率。水量不足则不足以把单体分散开，而水量太多反应器体积要增大，势必给生产和实验带来困难。一般情况水与单体的比例为 2∶1～5∶1。分散剂的最小量可以小到单体量的 0.005%，但一般为单体用量的 0.2%～1%，否则易产生乳化现象。当水与分散剂用量选定后，只有通过搅拌才能把单体分散开，所以调整好搅拌速率是制备粒度均匀的珠状聚合物的关键。有时为了防止珠子的粘连，可以加入少量乳化剂（用量为分散剂的 1%），并且能起到使珠子粒度分布均匀的作用。

悬浮聚合的优点是聚合热易扩散、聚合反应温度易控制、聚合产物相对分子质量分布窄；聚合产物为固体珠状颗粒，易分离，干燥。缺点是存在自动加速作用；必须使用分散剂，且在聚合完成后，很难从聚合产物中除去，会影响聚合产物的性能（如外观、老化性能等）；聚合产物颗粒会包藏少量单体，若不易彻底清除，会影响聚合物性能。

目前悬浮聚合大多为自由基聚合，但在工业上应用很广。例如，聚氯乙烯的生产 75%采用悬浮聚合过程，聚合釜也渐趋大型化；聚苯乙烯及苯乙烯共聚物主要也采用悬浮聚合法生产；其他还有聚乙酸乙烯、聚丙烯酸酯类、氟树脂等。

聚合在带有夹套的搪瓷釜或不锈钢釜内进行，间歇操作。大型釜除依靠夹套传热外，还配有内冷管或（和）釜顶冷凝器，并设法提高传热系数。悬浮聚合体系黏度不高，搅拌一般采用小尺寸、高转数的透平式、桨式、三叶后掠式搅拌桨。

实验 9　苯乙烯悬浮聚合和阳离子交换树脂的制备表征

一、实验目的

（1）掌握悬浮聚合方法制备珠状树脂的原理，认识悬浮聚合体系各组分及其作用。

（2）学习苯乙烯-二乙烯基苯交联共聚物的磺化反应制备阳离子交换树脂，了解功能高分子的制备方法。

二、预习要求及操作要点

（1）了解悬浮聚合方法制备珠状树脂的原理，了解悬浮聚合体系各组分及其作用。

（2）了解磺化反应制备阳离子交换树脂的基本方法。

三、实验原理

在悬浮聚合时，如果在单体内加入致孔剂（起致孔作用的填料），则得到乳白色不透明的大孔树脂，带有功能团后仍为呈一定颜色的不透明体；不加致孔剂可得透明状树脂，其带有功能基后仍为透明状。这种树脂又称凝胶树脂。凝胶树脂只有在水中溶胀后才有交换能力。这时凝胶树脂内部渠道直径只有 $2\sim 4nm$。树脂干燥后，这种渠道就消失，所以又称隐渠道。大孔树脂的内部渠道直径可小至数纳米，大至数百纳米。树脂干燥后这种渠道仍然存在。大孔树脂由于内部有较大的渠道，溶液及离子在内部迁移扩散容易，因而交换速度快，工作效率高，目前发展较快。

离子交换树脂都做成球形小颗粒，而且是交联的共聚物。交联的聚合物粒子应避免碎裂、被溶剂溶解，有利于回收和再生。用悬浮聚合方法制备珠状聚合物是制取离子交换树脂的重要实施方法。离子交换树脂对粒度的要求很高，搅拌速率的严格控制及恒速搅拌起到了至关重要的作用。

离子交换树脂按功能基团分为阳离子交换树脂和阴离子交换树脂。当把阴离子基团固定在树脂骨架上，可进行交换的部分为阳离子时，称之为阳离子交换树脂。反之，则称之为阴离子交换树脂。

阳离子交换树脂用酸处理后，得到的都是酸型离子交换树脂。根据酸性的强弱，又可分为强酸型和弱酸型。一般把磺酸型树脂称为强酸型，羧酸型树脂称为弱酸型，膦酸型树脂介于两者之间。

阳离子交换树脂可以用交联的聚苯乙烯进行磺化，在苯环上引入磺酸基得到。而交联的聚苯乙烯先进行氯甲基化，然后与三甲胺反应，最后碱化得到阴离子交换树脂。离子交换树脂的重要指标是离子交换当量，即每克树脂或每毫升树脂能够交换离子的物质的量，单位为 $mmol\cdot g^{-1}$ 或 $mmol\cdot mL^{-1}$。

离子交换树脂应用极为广泛，主要用于水处理，也用在原子能工业、化学工业、食品工业及分析检测、环境保护和海洋资源的开发等领域。

本实验制备的是阳离子交换树脂。反应式如下：

苯乙烯交联共聚：

$$(3-33)$$

交联聚苯乙烯磺化：

$$\text{CH}_2\text{—CH} + \text{H}_2\text{SO}_4 \longrightarrow \text{CH}_2\text{—CH} + \text{H}_2\text{O}$$

（以苯环上带 SO_3H 的结构表示）

$$\tag{3-34}$$

　　离子交换树脂属于功能高分子，功能高分子的制备有两种方法，一是如式（3-34）所示，大分子功能化，二是功能单体聚合。

　　离子交换树脂的离子交换反应：

$$\text{P—SO}_3^-\text{H}^+ + \text{Na}^+ \longrightarrow \text{P—SO}_3^-\text{Na}^+ + \text{H}^+ \tag{3-35}$$

$$\text{P—N}^+(\text{CH}_3)_3\text{OH}^- + \text{Cl}^- \longrightarrow \text{P—N}^+(\text{CH}_3)_3\text{Cl}^- + \text{OH}^- \tag{3-36}$$

　　阳离子交换当量的测定是将阳离子交换树脂浸入 NaCl 溶液中，阳离子充分交换后，用标准 NaOH 溶液滴定树脂交换后生成的 HCl。

四、实验仪器及试剂

　　仪器：搅拌器，三口烧瓶，球形冷凝管，温度计，吸滤瓶，砂芯漏斗。

　　试剂：苯乙烯，二乙烯基苯，过氧化苯甲酰，聚乙烯醇，0.1%次甲基蓝水溶液，丙酮，浓硫酸，二氯乙烷，硫酸银，十二烷基硫酸钠。

五、实验步骤

1. 苯乙烯与二乙烯基苯的悬浮共聚

（1）按图 3-3 安装聚合反应装置图。在装有搅拌器、温度计和球形冷凝管的 150mL 三口烧瓶内，加入 60mL 蒸馏水、0.3g 聚乙烯醇（或加入 10%聚乙烯醇水溶液 3mL）、0.002g 十二烷基硫酸钠，开动搅拌器升温使聚乙烯醇全部溶解。

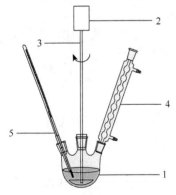

图 3-3　聚合反应装置

1. 三口烧瓶；2. 搅拌器；3. 搅拌棒；4. 球形冷凝管；5. 温度计

（2）停止搅拌，稍冷后（<70℃）加入 2～3 滴 0.1%次甲基蓝水溶液和含有引发剂的单体混合物溶液（10g 苯乙烯，1.5g 二乙烯基苯，0.125g 过氧化苯甲酰），开动搅拌器，控制一定的搅拌速率使单体分散成一定大小的油珠。若油珠偏大，可缓慢加速。过一段时间继续检查油珠大小，如仍不合格，再继续加速，直到调整搅拌速率使

颗粒符合要求为止（0.5～1mm）。此后搅拌速率控制恒定。

（3）迅速升温至 80～85℃，反应 2h，如此时油珠已向下沉，可升温至 95℃，再反应 1.5～2h，使油珠进一步硬化（如反应未完全可继续加热）。

（4）反应结束后，倾出上层液，用 80～85℃热水洗涤几次，再用冷水洗几次，过滤，干燥，称量。

2. 白球的磺化

（1）在三口烧瓶内放入油珠 3～4g，加入 20mL 二氯乙烷，在 60℃慢速搅拌溶胀 0.5h，然后升温到 70℃，加入 0.125g 硫酸银固体（作催化剂），逐渐滴加浓硫酸 20mL，滴加速率要慢。

（2）加完后升温到 80℃继续反应 2～3h。

（3）磺化结束用砂芯漏斗过滤掉滤液，将磺化产物倒入 400mL 烧杯内，用冷水冷却烧杯，加入 5～8mL 的 70%硫酸，在搅拌下逐渐滴加蒸馏水稀释，此时温度不要超过 35℃，先加水 75～100mL，放置 0.5h 后待油珠内部酸度达到平衡，再加水稀释，不断搅拌，再用 5mL 丙酮洗两次以除去二氯乙烷，最后用大量水洗涤到滤液无酸性。过滤抽干。

3. 阳离子交换树脂交换当量的测定

精确称取 1g 左右的阳离子交换树脂，用 NaCl 溶液浸泡 0.5h，然后用标准 NaOH 溶液滴定。计算交换当量。

树脂交换当量表征树脂交换能力的大小，其表示方法有两种：①每克干树脂能够交换离子的物质的量，单位 $mmol·g^{-1}$；②每毫升树脂能够交换离子的物质的量，单位 $mmol·mL^{-1}$。一般用浸泡法测定树脂交换当量。

称取 1g 左右湿树脂（精确到 0.001g），放在 105℃的烘箱中干燥，在干燥器中冷却到室温后称量，计算湿树脂水分的含量。

$$w_{H_2O} = \frac{(m_1 - m_2)}{m} \times 100\%$$

式中，m_1 为湿树脂+称量瓶的质量，g；m_2 为干树脂+称量瓶的质量，g；m 为湿树脂的质量，g。

称取 1g 左右湿树脂（精确到 0.001g），放入 250mL 锥形瓶中，加入 $1mol·L^{-1}$ NaCl 溶液 100mL 浸泡 1～1.5h，经常用玻璃棒搅拌。树脂磺酸基上的氢质子被 Na^+取代，交换下来的氢质子以 HCl 的形式存在于溶液中。向溶液中加 3 滴酚酞指示剂，用 $0.1mol·L^{-1}$ NaOH 溶液滴定至微红色。

$$交换当量 = \frac{cV}{m(1 - w_{H_2O})}$$

式中，V 为样品滴定所消耗的 NaOH 溶液的体积，mL；c 为 NaOH 溶液的物质的量浓度，mol·L^{-1}；m 为湿树脂质量，g。

六、注意事项

（1）次甲基蓝为水溶性阻聚剂，其作用是防止体系内发生乳液聚合。

（2）二氯乙烷溶胀时，搅拌速率不要过快，以免油珠变形。

（3）滴加浓硫酸时搅拌要均匀，不要过快，以免打碎油珠，还要防止酸液溅出。

（4）磺化时温度不宜太高，避免炭化。

七、思考题

（1）欲使制得的白球合格率高，实验中应注意哪些问题？

（2）磺化时为什么温度不宜过高？磺化后的处理过程中，为什么要逐步加稀酸稀释，而不是直接加水稀释？

（3）对自己合成的阳离子交换树脂，计算理论交换当量。

实验 10　甲基丙烯酸甲酯-苯乙烯悬浮聚合

一、实验目的

（1）了解悬浮共聚合的反应机理及配方中各组分的作用。

（2）了解无机悬浮剂的制备及其作用。

（3）了解悬浮共聚合实验操作聚合工艺上的特点。

二、预习要求及操作要点

（1）了解溶液聚合的原理及实验操作技术。

（2）了解微波加热原理。

（3）认识丙烯酰胺溶液聚合的实际应用。

三、实验原理

甲基丙烯酸甲酯和苯乙烯通过悬浮共聚得到甲基丙烯酸甲酯-苯乙烯无规共聚物，该共聚物俗称 372 有机玻璃模塑粉。甲基丙烯酸甲酯和苯乙烯均不溶于水，单体靠机械搅拌形成的分散体系是不稳定的分散体系，为了使单体液滴在水中保持稳定，避免黏结，需在反应体系中加入悬浮剂。通过实验证明，采用磷酸钙乳油液作为悬浮剂效果较好，磷酸三钠与过量的氯化钙在碱性条件下发生化学反应生成磷酸钙。磷酸钙难溶于水，聚集成极微小的颗粒，可在水中悬浮相当长的时间而不沉降，这种悬浮液呈牛奶状，在搅拌情况下能使某些体系的单体小液滴分散在体系中而不聚集，这是由于单体（油相）和介质（水相）对磷酸钙的润湿程度不同，磷酸钙起到悬浮剂的作用，悬浮剂浓度增加可提高稳定性。实践证明，磷酸钙加入量以单体总质量的 0.7%左右为宜。

有机玻璃模塑粉是以甲基丙烯酸甲酯为主单体与少量苯乙烯共聚合的无规共聚物，其相对分子质量要达到 130 000～150 000 才能加工成具有一定物理机械性能的产品。其结构可表示为

即在以甲基丙烯酸甲酯结构单元为主料的分子链中掺杂一个或少数几个苯乙烯结构单元，在共聚反应中，因参加反应的单体是两种（或两种以上），由于单体的相对活性不同，它们参与反应的机会也就不同，共聚物组成 $d[M_1]/d[M_2]$ 与原料组成 $[M_1]/[M_2]$ 之间的关系为

$$\frac{d[M_1]}{d[M_2]} = \frac{[M_1]}{[M_2]} \times \frac{r_1[M_1]+[M_2]}{[M_1]+r_2[M_2]} \tag{3-37}$$

式中，$d[M_1]/d[M_2]$ 为共聚物组成中两种结构单元的物质的量比；$[M_1]/[M_2]$ 为原料组成中两种单体的物质的量比；r_1/r_2 为均聚和共聚链增长速率常数之比，表征两单体的相对活性，称为竞聚率。

四、实验仪器及试剂

仪器：三口烧瓶（500mL），球形冷凝管，恒温水浴，搅拌电机及搅拌器，温度计（0～100℃），锥形瓶（20mL、50mL），移液管（25mL），分液管。

试剂：苯乙烯，甲基丙烯酸甲酯，过氧化苯甲酰，硬脂酸，去离子水，氯化钙，磷酸三钠，氢氧化钠。

五、实验步骤

1. 悬浮剂的制备

（1）氯化钙溶液的配制。按配方称取 6g 氯化钙，放入 500mL 三口烧瓶中，加入去离子水 165mL，搅拌，使之溶解，得无色透明水溶液，备用。

（2）磷酸钠和氢氧化钠溶液的配制。按配方称取 6g 磷酸钠、0.8g 氢氧化钠，放入 400mL 烧杯中，加入去离子水 165mL，搅拌，使之溶解，得无色透明水溶

液，备用。

（3）将三口烧瓶中氯化钙溶液在水浴上加热溶解至水浴沸腾，另外，将盛有磷酸钠、氢氧化钠溶液的烧杯放入热水浴中，在搅拌下用滴管将此溶液连续滴加至三口烧瓶中，在 20~30min 内加完，然后在沸腾的水浴中保温 0.5h，停止反应，反应后的悬浮剂呈乳白色浑浊液，用滴管取 20 滴（或 1mL）的悬浮剂放入干净的试管中，加入 10mL 去离子水，摇匀，放置 0.5h。如无沉淀，即为合格，备用，制得的悬浮剂要在 8h 内使用；如有沉淀，不能再用，需另行制备。

2. 共聚合反应

（1）在 250mL 的三口烧瓶上，装上密封搅拌器、真空系统，加入 50mL 去离子水、22mL 悬浮剂，而后抽真空至 86 659.3Pa（650mmHg）。

（2）分别称取 4g 甲基丙烯酸甲酯和 6g 苯乙烯，混合均匀，加入 0.7g 硬脂酸和 0.35g 引发剂使其溶解，然后加入三口烧瓶中（加料时尽量避免空气进入）。

（3）升温，控制加热速率，使体系的温度快速升至 75℃，然后以 1℃·min^{-1} 的升温速率升至 80℃，并保温 1h，再以 5℃·min^{-1} 的升温速率升至 90℃，待真空度升至最高点而下降时，表示反应即将结束，为了使单体完全转化为聚合物，应继续升温至 110~115℃，并在 110~115℃ 下保温 1h，聚合反应完毕。

3. 聚合物后处理

反应后所得物料为有机玻璃模塑粉悬浮液，需经酸洗、水洗、过滤、干燥等处理过程。

（1）酸洗。反应所得物料为碱性，且含有悬浮剂磷酸钙需除去，方法是加入 2mL 化学纯盐酸。

（2）水洗、过滤。水洗的目的是除去产物中的 Cl$^-$，方法是先用自来水洗 4~5 次，再用去离子水洗 2 次（每次用量在 50mL 左右），用硝酸银溶液检验有无 Cl$^-$ 存在（如无白色沉淀即可），采用抽滤使粉料与水分开。

（3）干燥。将白色粉状聚合物放入搪瓷盆中，置于 100℃ 的烘箱中烘干。

反应完毕后将 75mL 乙醇倒入聚丙烯酰胺水溶液中，边倒边迅速搅拌，使聚丙烯酰胺沉淀。静置片刻，再加少量乙醇检验沉淀是否完全，完全沉淀后用布氏漏斗抽滤。

六、注意事项

（1）温度计不要插入三口烧瓶内，因插入瓶内会阻挡珠粒的均匀运动，造成黏结。将温度计放入水浴中，控制水浴温度。这样不能直接反映体系的实际温度，对于反应热较大的体系，则不宜采用此法。

（2）由于搅拌速率是一个重要影响因素，因此仪器的安装需特别注意，搅拌棒的高度及其灵活程度都要保证合适后才可进行实验。实验过程中搅拌速率变化和搅拌停顿，都会造成颗粒黏结。

（3）反应结束加入稀硫酸后，待反应完全再进行洗涤，产物必须充分洗涤才可过滤。

七、思考题

（1）以有机玻璃模塑粉为例，讨论自由基共聚合的反应历程。

（2）与聚乙烯醇和磷酸钙为例，讨论高分子悬浮剂与无机悬浮剂的悬浮作用机理。

（3）聚合反应过程中，为什么要严格控制反应温度？否则会产生什么后果？

实验 11　丙烯酸的反相悬浮聚合

一、实验目的

（1）了解丙烯酸自由基聚合的基本原理。

（2）了解反相悬浮聚合的机理、体系组成及作用。

（3）了解反相悬浮聚合的工艺特点，掌握反相悬浮聚合的基本实验操作方法。

二、预习要求及操作要点

（1）了解溶液聚合的原理及实验操作技术。

（2）了解微波加热原理。

（3）认识丙烯酰胺溶液聚合的实际应用。

三、实验原理

本实验采用 $K_2S_2O_8$-$NaHSO_3$ 氧化还原引发体系进行丙烯酸的自由基聚合。主要反应式为

$$S_2O_8^{2-} + SO_3^{2-} \longrightarrow SO_4^- \cdot + SO_4^{2-} + SO_3^- \cdot \tag{3-38}$$

$$R\cdot + H_2C=\underset{\underset{COOH}{|}}{CH} \longrightarrow R-\underset{\underset{COOH}{|}}{\overset{H_2}{C}}-\overset{\cdot}{CH} \xrightarrow{H_2C=CHCOOH} R-\underset{\underset{COOH}{|}}{\overset{H_2}{C}}-\overset{H}{\underset{\underset{COOH}{|}}{C}}-\overset{H_2}{C}-\overset{\cdot}{CH} \tag{3-39}$$

本实验采用反相悬浮聚合。对于像丙烯酸这样的水溶性单体，如要采用悬浮聚合法合成，则不宜再用水作为分散介质，而要选用与水溶性单体不互溶的油溶性溶剂作为分散介质。相应地，引发剂也应选用水溶性的，以保证在水溶性单体小液滴内引发剂与单体进行均相聚合反应。与常规的悬浮聚合体系相对应，人们

习惯上将上述聚合方法称为反相悬浮聚合，除上述体系的组成不同外，在悬浮剂的选择上也有一定的差别。对于正常的悬浮聚合体系，一般选择非离子型的水溶性高分子化合物，如聚乙烯醇、明胶等，或非水溶性无机粉末为悬浮剂。对于油包水型的反相悬浮聚合体系，上述悬浮剂对水溶性液滴的保护则要弱得多，为此，反相悬浮聚合多采用复合型悬浮剂，即加入一些保护作用更强的 HLB 值为 3～6 的油包水型乳化剂组成复合型悬浮剂或只用上述乳化剂作为悬浮剂。总体来看，反相悬浮聚合的基本特点与正常的悬浮聚合相似，可参照正常悬浮聚合进行配方设计、反应条件确定和聚合工艺控制。

四、实验仪器及试剂

仪器：三口烧瓶（250mL），球形冷凝管，恒温水浴，搅拌电机及搅拌器，温度计（0～100℃），锥形瓶（50mL），移液管（15mL）。

试剂：丙烯酸，$K_2S_2O_8$-$NaHSO_3$，山梨醇酐单硬脂酸酯（Span60），环己烷。

五、实验步骤

（1）实验装置如图 3-4 所示，要求安装规范、搅拌器转动自如。

（2）用分析天平准确称取 1.75g Span60，放入三口烧瓶中。加入 50mL 环己烷，通冷凝水，开动搅拌，升温至 40℃，直至 Span60 完全溶解。

（3）用分析天平准确称取 5.4g $K_2S_2O_8$、1.2g $NaHSO_3$ 加入 50mL 锥形瓶中，用移液管移取丙烯酸 12mL，加入锥形瓶中，轻轻摇动，待引发剂完全溶解于丙烯酸中后，将溶液倒入三口烧瓶中，再用 35mL 环己烷冲洗三口烧瓶后，将环己烷倒入三口烧瓶。

（4）通冷凝水，维持搅拌转速恒定，升温至 45℃，开始聚合反应。与正常的悬浮聚合相同，在整个聚合反应过程中，既要控制好反应温度又要控制好搅拌速

图 3-4 丙烯酸的聚合装置

率，反应 1h 后，体系中分散的颗粒由于转化度的增加而变得发黏，这时搅拌速率的微小变化（忽快忽慢或停止）都会导致颗粒黏结在一起，或自结成块，或黏结在搅拌器上，致使反应失败。反应 2.5h 后，升温至 55℃继续反应 0.5h，结束反应。

（5）维持搅拌原有转速，停止加热，将恒温水浴中热水换为冷水，将反应体系冷却至室温后停止搅拌。

（6）产品用布氏漏斗滤干，再用环己烷洗涤数次，洗去颗粒表面的分散剂，在通风情况下干燥，称量，计算产率。

（7）回收布氏漏斗中的环己烷，酸洗。反应所得物料为碱性，且含有悬浮剂磷酸钙需除去，方法是加入 2mL 化学纯盐酸。

水洗、过滤。水洗的目的是除去产物中的 Cl⁻，方法是先用自来水洗 4～5 次，再用去离子水洗 2 次（每次用量在 50mL 左右），用 $AgNO_3$ 溶液检验有无 Cl⁻ 存在（如无白色沉淀即可），采用抽滤使粉料与水分开。

干燥。将白色粉状聚合物放入搪瓷盆中，置于 100℃的烘箱中烘干。

反应完毕后将 75mL 乙醇倒入聚丙烯酰胺水溶液中，边倒边迅速搅拌，使聚丙烯酰胺沉淀。静置片刻，再加少量乙醇检验沉淀是否完全，完全沉淀后用布氏漏斗抽滤。

六、注意事项

（1）反相悬浮聚合由于油为分散相，因而分散剂对单体液滴的保护作用远弱于正常悬浮聚合体系，为此需要更仔细地操作，尤其是对搅拌稳定性的控制有更高的要求。

（2）开始时，搅拌速率不宜太快，避免颗粒分散得太细。

（3）保温反应 1h 时，颗粒表面黏度较大，极易发生黏结，此时必须十分仔细地调节搅拌速率，千万不能停止搅拌，否则颗粒将黏结成块。

七、思考题

（1）对比反相悬浮聚合与正常悬浮聚合的体系组成、作用原理。

（2）根据实验现象与记录，讨论反相悬浮聚合的机理与工艺控制特点。

（3）参比此体系，再设计一个采用反相悬浮聚合法合成聚丙烯酸的体系。

（4）参照本实验设计两个合成聚丙烯酸钠的实验。

3.4　乳　液　聚　合

乳液聚合是单体利用乳化剂的作用分散在介质中进行的聚合。乳液聚合的体系通常有四种组分，即单体、引发剂、乳化剂和分散介质，还可以有相对分子质量调节剂等助剂。油溶性单体用水作分散介质，水溶性单体用不溶于水的有机溶剂作分散介质，这称为反相乳液聚合。一般乳液聚合各组分的配比（质量分数）是 30%～50%的单体，45%～60%的水，1%～3%的表面活性剂，0.5%左右的引发剂等。

乳液体系是多相反应体系，单体不溶于分散介质，乳化剂的作用是降低分散介质的表面张力，增加对单体的溶解度，称之为增溶。当向水中加入乳化剂时，开始乳化剂以单分子的形式溶于水中，当乳化剂达到临界胶束浓度（CMC）时，大部分乳化剂分子聚集成胶束。单分子乳化剂与胶束乳化剂分子之间达到动态平衡。每个乳化剂分子的憎水部分指向胶束中心，直径为 5～10nm，浓度为 10^{19}～10^{21} 个·L^{-1}。不溶于水的油溶性单体一部分进入乳化剂胶束内，形成增溶单体胶束，而大部分油溶性单体形成单体液滴，其表面包围着乳化剂分子而稳定。单体液滴的直径为 1～10nm，浓度为 10^{12}～10^{14} 个·L^{-1}。

水溶性引发剂在水中分解成初级自由基，初级自由基与水中溶解的游离单体反应形成单体自由基，单体自由基与单体反应进行链增长形成链自由基。链自由基可以潜入胶束内，在胶束内单体聚合，增溶单体胶束变成有黏性的乳胶粒的现象称为胶束成核；由于自由基和链自由基也可以在水相中进一步增长，直到链足够长不溶于水并吸附水中乳化剂分子形成乳胶粒，这种在连续相中聚合形成乳胶粒的现象称为均相成核。胶束成核与均相成核的比例和单体的溶解性有关，单体的水溶性大，均相成核倾向增大。乳胶粒中聚合物与单体处于溶胀平衡，单体不断聚合，单体液滴作为单体原料的仓库，不断扩散到水相转而进入发生聚合的胶束中，以供链增长的需要。未引发聚合的胶束也同样起供应单体的作用，胶束增大直至破裂为止。乳液聚合机理与其他聚合方法的聚合机理是有区别的。在一个乳胶粒中，当进入第一个自由基时发生增长反应，再进入第二个自由基时就发生双基终止。自由基的浓度是乳胶粒数目的一半。乳液聚合的反应速率方程为

$$R_p = k_p[M]N/2 \qquad (3\text{-}40)$$

式中，k_p 为增长反应速率常数，L·mol^{-1}·s^{-1}；[M]为单体浓度，mol·L^{-1}；N 为乳胶粒浓度，mol·L^{-1}。

乳胶粒的浓度与体系乳化剂的总表面积有关：

$$N = k\left(\frac{\rho}{\mu}\right)^{2/5}(a_s S)^{3/5} \qquad (3\text{-}41)$$

式中，k 为常数，在 0.37～0.53 之间；ρ 为引发反应速率，mol·L^{-1}·s^{-1}；μ 为乳胶粒体积增加速率；a_s 为一个乳化剂分子在乳胶粒的相界面处所具有的表面积；S 为形成胶束的乳化剂的浓度，mol·L^{-1}。

乳液聚合的聚合度为

$$DP_n = \frac{k_p[M]N/2}{\rho/2} = k_p[M]N/\rho \qquad (3\text{-}42)$$

乳液聚合的重要特征是提高聚合反应温度能提高聚合反应速率，同时也能提高聚合度，而其他的聚合方法提高聚合反应温度或增加引发剂用量能提高聚合反应速率，但必然使聚合度下降。乳液聚合增加乳化剂的浓度也能同时提高聚合速率和相对分子质量。

在乳液聚合过程中，通常聚合物乳液局部胶体稳定性的丧失而引起乳胶粒的

聚结，形成宏观和微观的凝聚物，即发生凝胶现象。产生的凝胶为大小不等、形状不一的块状聚合物，大的像核桃，小的像沙粒或更小，有的发软、发黏，有的发硬、发脆、多孔。凝胶中包含没有反应的单体，需分离出去，而且造成环境污染。还有肉眼看不到的微观凝胶分离不出去，这些微观凝胶使乳液的蓝光减弱，颜色发白，影响乳液的质量。产生凝胶现象的主要原因是乳胶粒的布朗运动碰撞聚结和搅拌时产生的剪切力诱导聚结。乳液聚合的关键问题是要保持乳液的稳定性。乳液的稳定性受乳化剂种类及其浓度、搅拌速率和反应温度、乳液的 pH、电解质及其浓度等因素的影响。

乳液聚合适用于直接使用乳液的情况，如涂料、胶黏剂等。为了获得固体聚合物，向乳液中加入电解质，电解质中阳（阴）离子使乳液中表面带有负（正）电荷的乳胶粒聚沉，聚合物沉出，过滤得到固体聚合物。用于乳液凝聚的电解质的电荷越高，凝聚作用越大，如 Na^+、Mg^{2+}、Al^{3+} 的相对凝聚效率分别是 1、64、729。

实验 12　苯乙烯乳液聚合

一、实验目的

（1）掌握乳液聚合机理及其特点，乳液聚合体系各组分及其作用。

（2）掌握制备聚苯乙烯胶乳的方法及用电解质凝聚胶乳和净化聚合物的方法。

二、预习要求及操作要点

（1）了解乳液聚合的实验操作。

（2）了解破乳原理与技术。

三、实验原理

能进行乳液聚合的单体数量较多，其中应用比较广泛的有苯乙烯、乙烯、乙酸乙烯酯、氯乙烯、偏氯乙烯等。苯乙烯乳液聚合是苯乙烯单体利用乳化剂的作用分散在水介质中进行的聚合。乳液聚合各组分的配比（质量分数）是 30%～50% 的单体，45%～60% 的水，1%～3% 的表面活性剂，0.5% 左右的引发剂等。

四、实验仪器及试剂

仪器：三口烧瓶（250mL），球形冷凝器，恒速搅拌器。

试剂：苯乙烯（在 60℃，41mmHg 下新蒸馏），过硫酸钾，十二烷基硫酸钠，磷酸二氢钠，蒸馏水，硫酸铝。

图 3-5　苯乙烯的聚合装置

五、实验步骤

（1）装好仪器（图 3-5），依次向三口烧瓶中加入过硫酸钾、磷酸二氢钠、十二烷基硫酸钠和蒸馏水，搅拌至混合物溶解，调 pH 在 8 左右。

（2）加入苯乙烯，搅拌并逐步升温至 70～75℃，在此温度下反应 1h。逐步升温至 90～95℃，保持 2h。

（3）移除热水浴，待乳液冷却至室温，倒入 800mL 烧杯中，边搅拌边加入硫酸铝溶液（2g 硫酸铝溶于 150mL 蒸馏水中）。加热至沸，并搅拌破乳。待气泡消失后停止加热，加入 200mL 蒸馏水稀释，搅拌，再加热至沸腾。

（4）抽滤并用蒸馏水洗涤。将产品置于表面皿，于 80℃烘箱中烘至恒量，计算产率。

六、注意事项

（1）调节溶液的 pH 时，固体要充分溶解，搅拌均匀后再测 pH。

（2）反应过程中，要控制好搅拌速率，搅拌速率不能过快，搅拌也不能停止，防止剪切力诱导凝聚。

（3）聚合反应过程中要控制好温度，温度过高布朗运动剧烈，容易发生凝聚。

（4）为了防止凝聚，可在反应后期加入少量乳化剂。

七、思考题

（1）可以采取哪些措施使乳液稳定？

（2）如果用氯化钠破乳，其效果会如何？

（3）要提高乳液聚合反应速率和聚合度可以采取什么措施？

实验 13　乙酸乙酯的乳液聚合

一、实验目的

（1）掌握实验室制备聚乙酸乙烯酯乳液的方法。

（2）了解乳液聚合的配方及各组分的作用。

（3）了解此乳液聚合的实际体系与典型的乳液聚合体系的区别。

二、预习要求及操作要点

（1）了解一般乳液聚合的基本原理及实验操作技术。

（2）操作中注意反应温度的准确，控制乙酸乙酯乳液聚合的稳定性。

三、实验原理

单体在水介质中由乳化剂分散成乳液状态进行的聚合称为乳液聚合，其最简单的配方由单体、水、水溶性引发剂、乳化剂四组分组成。

本实验以乙酸乙烯酯（VAc）为单体、聚乙烯醇（PVA）为乳化剂、过硫酸铵为引发剂、水为分散介质进行乳液聚合，所得聚合物乳胶粒子的直径为 1000～5000nm，比用表面活性剂作乳化剂进行的乳液聚合所得的聚合物胶粒的直径（50～200nm）要大。

PVA 常被用作辅助乳化剂。当它作为乳化剂单独使用时，它的作用与一般乳化剂有区别。在 PVA 大分子中，有亲油的碳氢链、一部分未被醇解的酯基和亲水的羟基，它们在水中并不形成胶束。PVA 大部分溶于水中，一部分聚集于单体液滴表面起保护作用，溶于水中的引发剂分解后，会引发溶于水中的单体聚合（20℃时，VAc 在水中溶解度为 2.5%）。由于 PVAc 不溶于水，以固相形式从水中析出，又因聚合物对单体的亲和力很大，VAc 单体会扩散到 PVAc 的周围，使聚合反应继续进行。在水中溶解的 PVA 分子也会聚集于这些颗粒表面起保护作用，使它们不发生凝聚。

四、实验仪器及试剂

仪器：三口烧瓶（250mL），玻璃空心塞，水浴锅，回流冷凝管，搅拌器，搅拌桨，搅拌器套管，恒压滴液漏斗（50mL），减压蒸馏装置。

试剂：乙酸乙烯酯，聚乙烯醇，过硫酸铵，邻苯二甲酸二丁酯，正辛醇。

五、实验步骤

称取引发剂过硫酸铵 0.3g 溶于 5mL 水中备用。

安装好反应装置，加入 3g PVA 和 60mL 去离子水，0.6g OP-10。浸泡数分钟，然后开启搅拌，水浴加热至约 90℃ 使 PVA 全部溶解。降温至 67℃，并加入正辛醇 0.25mL。先加 3mL 过硫酸铵水溶液，然后将 33mL VAc 由恒压滴液漏斗在 40min 左右内慢慢滴加，温度保持在 66～68℃，不得高于 76℃。

滴加完单体后，再加引发剂水溶液 0.5mL，在 66～68℃ 下保持 30min。如有回流，再滴加引发剂水溶液 0.5mL，然后逐步升温至 80℃，直至无回流液出现为止。这时加入 3.8mL 邻苯二甲酸二丁酯，再搅拌 10min 停止反应。观察乳液外观，称取约 4g 乳液，放入烘箱在 90℃ 干燥，称取残留的固体质量，计算固体含量。

固体含量=（固体质量/乳液质量）×100%

在 100mL 量筒中加入 10mL 乳液和 90mL 蒸馏水搅拌均匀后，静置一天，观察乳胶粒子的沉降量，以评价乳液的稳定性。

注意：（1）单体和引发剂的滴加视单体的回流情况和聚合反应温度而定，当反应温度上升较快，单体回流量小时，需及时补加适量单体，少加或不加引发剂；相反，若温度偏低，单体回流量大时，应及时补加适量引发剂，而少加或不加单体，保持聚合反应平稳地进行。

（2）升温时，注意观察体系中单体回流情况，若回流量较大时，应暂停升温或缓慢升温，因单体回流量大时易在气液界面发生缩合，导致结块。

六、注意事项

（1）工业上重要的典型乳液聚合如丁苯橡胶、丙烯酸酯类乳液的生产中采用的乳化剂为表面活性剂，在水溶液中能形成胶束，在聚合初期反应在胶束内进行。通常阴离子型表面活性剂作乳化剂对形成小胶粒最有效，而非离子型乳化剂对提高冻融稳定性、剪切稳定性有利。单独使用一种乳化剂，乳液聚合转化率低，聚合稳定性差，因此工业上常用复合的乳化剂。本实验也可用复合乳化剂，如 2.1g PVA、0.6g OP-10、0.3g 十二烷基苯磺酸钠。

（2）PVA 作为 VAc 乳液聚合的乳化剂，要求其醇解度为 87%～88%，如 PVA1788。若醇解度太高，乳液不稳定而结块。

（3）PVA 先经冷水溶胀后再升温可加快溶解速率。

（4）实践证明：一方面，随着搅拌速率加快，反应速率下降；另一方面，为保持反应物及其温度的均匀度，提高产品质量，又要求有足够的搅拌速率。

（5）反应温度一般要严格控制在 66～68℃，在升温时切不可太快，一定要保持在回流较少的情况下慢慢升温。

七、思考题

（1）溶液聚合、悬浮聚合、乳液聚合的典型特点是什么？

（2）乳液聚合有哪些缺点？

（3）本实验中各组分的作用是什么？

（4）如何从聚合物乳液中分离出聚合物？

实验 14　丙烯酰胺的反相微乳液聚合

一、实验目的

（1）了解丙烯酰胺自由基聚合的基本原理。

（2）掌握反相乳液聚合的机理、体系组成及作用。

（3）认识反相乳液聚合的工艺特点，掌握反相乳液聚合的基本实验操作方法。

二、预习要求及操作要点

（1）了解反相乳液聚合的原理及实验操作技术。

（2）了解反相乳液聚合与正常乳液聚合的差别。

（3）操作中注意控制乳液的稳定性。

三、实验原理

丙烯酰胺为一种水溶性单体，本实验采用过氧化苯甲酰（BPO）作为引发剂进行自由基聚合。主要反应式为

$$2 —CH_2CH· \longrightarrow —CH_2CH_2 + \text{\~\~\~}CH=CH \qquad (3-43)$$
$$\hphantom{2} |\hphantom{—CH_2CH·}\hphantom{\longrightarrow}|\hphantom{—CH_2CH_2 +}\hphantom{\text{\~\~\~}CH=}|$$
$$\hphantom{2} CONH_2\hphantom{\longrightarrow}CONH_2\hphantom{+\text{\~\~\~}CH=}CONH_2$$

在乳液聚合中，像丙烯酰胺这样的水溶性单体，如要采用乳液聚合法合成，则不宜再用水作为分散介质，而要选用与水溶性单体不互溶的油溶性溶剂作为分散介质。相应地，引发剂也应选用油溶性的，以保证引发剂在油相分解形成自由基后扩散进入水溶性胶束内引发单体进行聚合反应。与常规的乳液聚合体系相对应，人们习惯上将上述聚合方法称为反相乳液聚合。除了上述体系的组成不同外，在乳化剂的选择上也有一定的差别。对于正常的乳液聚合体系，一般选择 HLB 值为 8～18 的水包油型乳化剂，而对于反相乳液聚合体系，则多选择 HLB 值为 3～6 的油包水型乳化剂。总体来看，反相乳液聚合的基本特点与正常的乳液聚合相似，可参照正常乳液聚合进行配方设计、反应条件确定和聚合工艺的控制。

四、实验仪器及试剂

仪器：三口烧瓶（250mL），球形冷凝管，恒温水浴，搅拌电机及搅拌器，温度计（0～100℃），锥形瓶（20mL、50mL），移液管（25mL），分液管。

试剂：丙烯酰胺，油溶性引发剂过氧化苯甲酰，山梨醇酐单硬脂酸酯（Span60），石油醚（沸点 90～120℃）。

五、实验步骤

（1）在三口烧瓶上安装机械搅拌器、球形冷凝管、温度计，要求安装规范，搅拌器转动自如。

（2）用分析天平准确称取 0.02g Span60，放入三口烧瓶中。加入 50mL 石油

醚，通冷却水，开动搅拌，升温至 40℃，直至 Span60 完全溶解。

（3）称取 10g 丙烯酰胺置于锥形瓶中，用移液管移取 22mL 去离子水，加入锥形瓶中，轻轻摇动至完全溶解后加入三口烧瓶中，搅拌 10min。

（4）用分析天平准确称取 5g BPO 放于 20mL 锥形瓶中，加入 15mL 石油醚，待引发剂完全溶解后加入三口烧瓶中，再用 10mL 石油醚冲洗三口烧瓶，将石油醚倒入三口烧瓶中。

（5）通冷却水，维持搅拌转速恒定，升温至 70℃，开始聚合反应。反应 2h 后，在冷凝管与三口烧瓶间加装分液管，升温至分散介质-水混合液沸点，回收分液管下部由体系中分馏出的水，当出水量达到 18mL 后，反应结束。

（6）维持搅拌原有转速，停止加热，将恒温水浴中热水换为冷水，将反应体系冷却至室温后停止搅拌。

（7）产品用布氏漏斗滤干，在通风情况下干燥，称量，计算产率。

（8）回收布氏漏斗中的石油醚。

六、注意事项

（1）反相乳液聚合由于油为分散相，因而乳化剂对胶束的保护作用远弱于正常乳液聚合体系，为此需要更为仔细的操作。

（2）在实验第（2）步，要保证乳化剂充分溶解。在实验第（3）步，可以适当延长搅拌时间，以保证预乳化效果。

（3）反应 2h 后体系升温至分散介质-水混合液沸点阶段，为防止暴沸，升温速率以 0.5℃·min^{-1} 为宜，并注意观察体系状态。

（4）由于 PAM 为水溶性聚合物，因此反应后期要进行脱水，一般脱水量为加水量的 70%~80%，保证 PAM 在出料时不发生结块现象。

七、思考题

（1）对比反相乳液聚合与正常乳液聚合的体系组成、作用。

（2）根据实验现象记录，讨论反相乳液聚合的机理与工艺控制特点。

（3）参比此体系再设计一个采用反相乳液聚合法合成聚丙烯酰胺的体系。

实验 15　甲基丙烯酸丁酯的微波无皂乳液聚合

一、实验目的

（1）认识无皂乳液聚合的原理、特点及方法。

（2）熟练掌握微波无皂乳液聚合的实验技术。

二、预习要求及操作要点

（1）学习什么是无皂乳液聚合，了解其原理、特点及方法。

（2）初步了解甲基丙烯酸丁酯的微波无皂乳液聚合的实验技术。

三、实验原理

乳液聚合可细分为无皂乳液聚合、核壳乳液聚合、微乳液聚合、原位乳液聚合、反相乳液聚合、反相微乳液聚合、基团转移聚合等。本实验主要介绍无皂乳液聚合的实验技术。传统的乳液聚合中的乳化剂会被带入最终产品中，其纯化工艺非常复杂。乳化剂一般价格昂贵。加入乳化剂不仅会增加成本，而且会造成环境污染，乳化剂的存在还会影响乳液聚合物的电性能、光学性质、表面性质及耐水性等，使其应用受到限制。另外，生产确定粒径的乳液产品需要制定特别的反应条件且可重复性差。

无皂乳液聚合是在传统乳液聚合的基础上发展起来的一项聚合反应新技术，又称无乳化剂乳液聚合。无皂乳液聚合是指在反应过程中完全不含或仅含微量（其浓度小于临界胶束浓度）乳化剂的乳液聚合，与常规乳液聚合相比，无皂乳液聚合具有如下特点：

（1）避免了由于乳化剂的加入，而带来的对聚合产物电性能、光学性能、表面性能、耐水性及成膜性等的不良影响。

（2）不使用乳化剂，降低了产品成本，缩减了乳化剂的后处理工艺。

（3）制备出来的乳胶粒具有单分散性，乳胶粒粒径分布很窄，表面"洁净"，粒径比常规乳液聚合的大，可以被制成具有表面能的功能颗粒。

（4）无皂聚合乳液的稳定性通过离子型引发剂残基、亲水性或离子型共聚单体等在乳胶粒表面形成带电层来实现。甲基丙烯酸丁酯（BMA）属于极性单体，在本实验中，随着其含量的增加，乳胶聚合物的极性增大，微球表面与水相间的相互作用增强，表面能降低，乳胶的稳定性增强。

无皂乳液的聚合方法有多种，主要包括：①无皂核/壳乳液聚合法；②引发剂碎片法；③加入助溶剂法；④水溶性单体共聚法；⑤反应性乳化剂共聚法；⑥超声无皂乳液聚合法；⑦微波无皂乳液聚合法；⑧添加无机粉末法。

微波的加热原理：与传统加热方式完全不同，在微波加热过程中，热从材料内部产生而不是从外部因温度梯度的差异而吸收热源。对于凝聚态物质，微波主要通过极化机制和离子传导机制共同作用进行加热。物质总的极化程度通常是电子极化、原子极化、偶极极化和界面极化这四种极化作用之和，其中偶极极化和界面极化对微波的介电加热发挥最主要的作用。同时，由于不同物质的微波场频率不同，物质所吸收的功率也不同。物质在微波场中所产生的热量大小与物质种类及其介电特性有很大关系，即微波对物质具有选择性加热的特性。反应物、溶剂、过渡态、目标物结构及其形态都可能通过介电常数的变化影响微波聚合反应。微波作用与功率、频率、加热介质的介电性能密切相关。微波加热条件下的化学反应具有如下基本特点：强活化、温转化、反应速率快、转化率高、选择性高等。

反应结束后，取少许乳液加入称量瓶中，于 65℃减压干燥至恒量，由质量法测定其固体含量（A），以质量分数表示的固体含量按式（3-44）计算：

$$A = (m_2 - m_1)/m \times 100\% \tag{3-44}$$

式中，m_1 为称量瓶的质量，g；m_2 为干燥后试样与称量瓶的总质量，g；m 为试样的质量，g。

由式（3-45）求得单体的转化率 C

$$C = \frac{A(V_{water}\rho_{water} + V_{BMA}\rho_{BMA})}{V_{BMA}\rho_{BMA}} \times 100\% \tag{3-45}$$

式中，V_i 为单体或水的体积；ρ_i 为单体或水的密度。

四、实验仪器及试剂

仪器：三口烧瓶，搅拌装置，球形冷凝管，温度计，通氮系统，微波反应器。

试剂：甲基丙烯酸丁酯（分析纯）试剂，经常规方法纯化，在冰箱中保存，聚合前重新蒸馏；过硫酸钾（分析纯，KPS）。

五、实验步骤

（1）连接组装搅拌装置、球形冷凝管、三口烧瓶、温度计、通氮系统、微波反应器等实验装置。

（2）向反应器中加入 200mL 蒸馏水，调节微波功率为 350W，同时通氮气 20min。

（3）待温度升至 85℃时，加入 50mL 质量分数为 0.2%的 KPS 溶液，温度下降至 70~75℃时，在搅拌下加入 7g 甲基丙烯酸丁酯。

（4）同时将微波功率调节为 160W，维持反应体系温度在 75℃左右，在适当的搅拌速率和氮气环境下，聚合反应 1.5h。

（5）反应结束后，得到乳液，取 1g 乳液置于已恒量的称量瓶中，在 65℃下减压干燥至恒量后，取出放于干燥器中，降至室温再称量。

（6）由质量法测定其固体含量 A 后，求得单体的转化率 C。

六、注意事项

（1）质量法测固体含量时，称取液体样品 1g（至少精确到 0.001g），且两次测量取平均值。

（2）取乳液于称量瓶时，要小心摇动，使乳液自然流动，在瓶底形成一层薄膜后，再进行干燥。

七、思考题

（1）无皂乳液聚合体系是如何获得稳定性的？与常规的乳液聚合体系有何不同？

（2）通过固体含量计算微波无皂乳液聚合 BMA 的聚合转化速率。

实验 16　乙酸乙烯酯-丙烯酸丁酯的乳液共聚

一、实验目的

（1）认识乳液共聚合反应的基本方法和特点。

（2）了解乙酸乙烯酯的改性方法。

二、预习要求及操作要点

（1）了解一般乳液聚合的原理及实验操作技术。

（2）掌握乙酸乙烯酯-丙烯酸丁酯乳液共聚原理及配方中各组分作用。

（3）了解乙酸乙烯酯-丙烯酸丁酯乳液共聚的实际应用。

三、实验原理

由于聚乙酸乙烯酯性能较差，因此可以通过共聚来改善其性能，通常采用少量的丙烯酸丁酯与其共聚，得到的乙酸乙烯酯-丙烯酸丁酯共聚合乳液性能较为优良，可以作为中档涂料应用。

共聚采用主单体（第一单体）和次单体（第二单体），在乳化剂、引发剂作用下，共聚合成水包油形式的水剂型乳液聚合物，聚合反应式如下：

$$m CH_2{=}CH + n CH_2{=}CH \longrightarrow {\left[CH_2{-}CH \right]}_m {\left[CH_2{-}CH \right]}_n$$

$$\underset{OCOCH_3}{\quad} \underset{COOCH_3}{\quad} \underset{OCOCH_3}{\quad} \underset{COOCH_3}{\quad}$$

（3-46）

四、实验仪器及试剂

仪器：三口烧瓶，四口烧瓶，电动搅拌器，回流冷凝管，滴液漏斗，恒温水浴锅，温度计。

试剂：丙烯酸丁酯，乙酸乙烯酯，十二烷基苯磺酸钠，聚乙烯醇，过硫酸铵，蒸馏水。

五、实验步骤

在装有搅拌器、回流冷凝管的三口烧瓶中依次加入 40g 蒸馏水、2g 聚乙烯醇和 2.5g 十二烷基苯磺酸钠，开动搅拌，升温至 85~90℃，待加入的物料全部溶解后，降温至 60℃以下。

将预先配制好的 46mL 乙酸乙烯酯和 4mL 丙烯酸丁酯混合单体，取其中的 5mL 加入三口烧瓶中。再称取过硫酸铵 0.25g，加入 10g 蒸馏水，摇动或稍加热使其全部溶解后，将其中的 1/4 量加入三口烧瓶中，升温至 82℃，反应 15min 后，将剩余的乙酸乙烯酯-丙烯酸丁酯混合单体倒入滴液漏斗，将滴液漏斗插入三口烧瓶中的一个口中，开始滴加，控制在 90min 滴加完毕（约每秒 1 滴的速度），其中在滴加到 30min 和 60min 时分别加入 1/2 量的剩余过硫酸铵水溶液。注意在过硫酸铵水溶液和乙酸乙烯酯-丙烯酸丁酯混合单体加入完毕后，应分别用 5g 左右的蒸馏水洗涤盛装的容器，并将其加入三口烧瓶中。

当混合单体滴加完毕后，升温至 90℃继续反应 10~20min，继续搅拌，开始降温。当反应物料温度降至 50℃以下时，停止搅拌，出料。称量后，用 pH 试纸测产物的 pH，并加入几滴氨水，搅拌均匀后，再测 pH，直至 pH 呈中性。然后再测产物黏度，计算产物的固体含量。固体含量计算公式如下：

$$固体含量 =（固体质量/产物质量）\times 100\%$$

六、注意事项

（1）称量后一定要用 pH 试纸测产物的 pH，如呈酸性需要加入几滴氨水，搅拌均匀后，再测 pH，直至 pH 呈中性。

（2）在实验第 1 步，要保证乳化剂充分溶解。可以适当延长搅拌时间，以保证预乳化效果。

七、思考题

（1）分别写出本共聚合实验中的主单体、次单体、乳化剂、引发剂。为什么要加入第二单体，而加入的第二单体用量又如此少？

（2）为什么反应中混合单体和过硫酸铵水溶液不是一次加入，而是先加入少量，然后采用滴加和分批加入？

（3）试叙述反应过程中搅拌速率快慢、温度高低对本实验的影响情况。

第4章　离子型聚合实验

　　离子型聚合（ionic polymerization）是借离子型引发剂（也称催化剂）使单体形成活性离子，通过离子反应过程，其增长链端基带有正电荷或负电荷的加成聚合或开环聚合反应，又称催化聚合，是合成高聚物的重要方法之一。离子聚合与自由基聚合相似，都属链式聚合反应，可分为链引发、链增长、链转移和链终止等基元反应，不同之处在于其反应活性中心是离子，而不是孤电子的自由基，根据活性中心的不同，离子型聚合反应可分为阳离子聚合、阴离子聚合及配位聚合3类。

　　（1）阳离子聚合。与双键相连的碳原子上有推电子取代基团（如烷基、烷氧基等）的烯类单体只能进行阳离子聚合，因为该类取代基使双键带有一定的负电性而具有亲核性，所以当亲电催化剂存在时，双键打开，形成三价碳阳离子活性中心。除乙烯类化合物外，醛类、环醚类、环酰胺类等单体也可用阳离子催化剂进行聚合。阳离子反应所用的催化剂都是电子受体即亲电试剂。常用的阳离子聚合催化剂包括：①含氢酸，其阴离子不应有很强的亲核性，往往不采用氢卤酸及强酸，如采用则聚合物相对分子质量也不高；②路易斯酸，如 $AlCl_3$、BF_3、$SnCl_4$、$ZnCl_2$、$TiCl_4$ 等，被用作低温下获得高相对分子质量聚合物的催化剂，在这类催化聚合体系中，除催化剂外，还须加入少量其他物质，如质子给予体——水、有机酸及能产生碳阳离子的物质，使催化剂发挥作用；③其他阳离子聚合催化剂，有 I_2、Cu^{2+}、高能射线等。在阳离子聚合中，反应介质的特性起重要作用，反应介质的溶剂化能力增加，聚合速率和聚合度也增加；如采用介电常数较小的溶剂，除使聚合速率减小外，还能观察到动力学级数的升高。

　　（2）阴离子聚合。在该类反应中，烯类单体的取代基具有吸电子性，使双键带有一定的正电性，具有亲电性，如 $CH_2\!=\!CH\!-\!CN$、$CH_2\!=\!CH\!-\!NO_2$、$CH_2\!=\!CH\!-\!C_6H_5$，凡电子给予体如碱、碱金属及其氢化物、氨基化物、金属有机化合物及其衍生物等都属亲核催化剂。阴离子聚合反应的引发过程有两种形式：①催化剂分子中的负离子如 H_2N:、R: 与单体形成阴离子活性中心；②碱金属把原子外层电子直接或间接转移给单体，使单体成为游离基阴离子，阴离子聚合反应通常是在没有链终止反应的情况下进行的。许多增长的碳阴离子有颜色，如果体系非常纯净，碳阴离子的颜色在整个聚合过程中会保持不变，直至单体消耗完。当重新加入单体时，反应可继续进行，相对分子质量也相应增加。这种在反应中形成的具有活性端基的大分子称为活性聚合物。在没有杂质的情况下，制备活性聚合物的可能性取决于单体和溶剂。若溶剂（液氨）和单体（丙烯腈）有明显的链转移作用，则很难得到活性聚合物。利用活性聚合物可制得嵌段共聚物、遥爪聚合物等。

（3）配位聚合。又称络合催化聚合，是不饱和乙烯基单体首先在具有空位的化学活性催化剂上配位，形成某种形式的配位化合物，然后再聚合的反应。它的特点是可以选择不同的催化剂和聚合条件以制备特定立构规整的聚合物。按照其增长链端基的性质可分为配位阴离子聚合和配位阳离子聚合，前者活性链按负离子机理增长，后者按阳离子机理增长。高分子工业中的许多重要产品如高密度聚乙烯、等规聚丙烯、顺丁橡胶和异戊橡胶等，都是用配位阴离子聚合反应制备的。

离子聚合反应过程中，在生成聚合反应活性中心的同时，伴生有抗衡离子。抗衡离子与链增长活性中心之间存在着一定的相互作用，这种相互作用对聚合反应速率及聚合反应的立体定向性影响显著。两者之间可依解离程度不同表现为多种形式。以阴离子聚合反应为例，聚合过程中链增长活性中心与抗衡阳离子之间存在以下解离平衡：

$$R—X \underset{}{\overset{极化}{\rightleftharpoons}} R^{\delta-}——X^{\delta+} \underset{}{\overset{离子化}{\rightleftharpoons}} R^{\ominus}—X^{\oplus} \underset{}{\overset{溶剂化}{\rightleftharpoons}} R^{\ominus}//X^{\oplus} \underset{}{\overset{解离}{\rightleftharpoons}} R^{\ominus}+X^{\oplus}$$

共价化合物　　　极化分子　　　　紧密离子对　　溶剂分子离离子对　　自由离子

增长链活性中心与抗衡离子的相互作用越弱，溶剂的极性越大或溶剂化能力越强，体系温度越高、解离程度越高。相应地，聚合反应活性越高，但聚合反应的立体定向性越弱。

另外，离子聚合的链终止方式与自由基聚合也不同，由于增长链活性中心带有相同的电荷，它们相互排斥，故离子聚合没有双基终止，而是与体系中其他的亲电（阴离子聚合）或亲核（阳离子聚合）化合物反应终止，或者发生链转移反应而终止。

离子聚合受反应条件的影响巨大，主要体现在如下几个方面：

（1）溶剂的影响。离子聚合所用的溶剂常为烃类溶剂，溶剂的性质对增长链活性中心与抗衡离子之间的离解平衡影响显著，选择不同性质的溶剂对聚合过程影响巨大，即使是使用相同的引发剂（体系），当使用不同性质的溶剂时，也会使聚合反应速率和聚合产物结构发生显著的变化。通常溶剂的介电常数或给电子能力与自由离子的浓度成正比。溶剂的介电常数越高，则链增长活性中心与抗衡离子之间的相互作用越弱，链增长活性中心的活性越高，聚合反应速率增大。如果溶剂的介电常数足以使离子对离解为自由离子，或溶剂化能力强，则产物立体规整性下降。

（2）抗衡离子的影响。抗衡离子的性质及其与增长链活性中心之间相互作用的强弱，直接影响聚合反应速率和单体加成方式。阴离子聚合中，抗衡离子半径越大则相互作用越弱，聚合反应速率越大。阳离子聚合中，抗衡离子的亲核性越强，反应速率越小。抗衡离子与链增长活性中心结合是阳离子聚合链终止的主要方式之一，但对于阴离子聚合来说，由于抗衡离子通常为金属离子，故难以和链增长活性中心之间形成稳定的共价键而发生链终止反应。

（3）温度的影响。通常离子聚合都要求在低温下进行，因为通常在离子聚合反应中，链转移反应的活化能比链增长反应高，采用低的聚合反应温度有利于抑制链转移反应。

（4）杂质的影响。体系中水、氧、二氧化碳、醇等都可导致链终止反应，因此离子聚合反应的条件比较苛刻，对所用溶剂和单体的纯度要求都相当高，而且通常要求严格干燥所有的仪器、试剂，并且在惰性气体保护下进行聚合反应。

离子聚合反应不能进行悬浮聚合和乳液聚合，也很少进行本体聚合，绝大多数的离子聚合都是在溶液中进行的。

实验 17　苯乙烯的阳离子聚合

一、实验目的

（1）通过实验加深对阳离子型聚合反应基本机理的认识。
（2）掌握阳离子聚合的实验操作。

二、预习要求及操作要点

（1）了解阳离子聚合中催化剂的作用原理。
（2）掌握苯乙烯阳离子聚合机理。

三、实验原理

20 世纪 80 年代中期，东村敏延、Kennedy 分别发现了乙烯基醚和异丁烯的活性阳离子聚合，打破了人们认为阳离子聚合重现性差、难以控制、不可用于聚合物精细合成等的传统观念，是阳离子聚合研究史上的划时代事件。

本实验通过苯乙烯的活性阳离子聚合，加深对活性阳离子聚合的理解，同时了解活性阳离子聚合的实验方法及产物表征。路易斯酸是阳离子聚合常用的引发剂，在引发除乙烯基醚类以外单体进行聚合反应时，需要加入助引发剂（如水、醇、酸或氯代烃）。例如，使用水或醇作为助引发剂时，它们与引发剂（BF_3）形成配合物，然后解离出活泼阳离子，引发聚合反应。本实验以 BF_3/Et_2O 作为引发剂，在苯中进行苯乙烯阳离子聚合。

$$nCH_2\!=\!CH \xrightarrow[C_6H_6,\ 30℃]{BF_3/Et_2O} -\!(CH_2\!-\!CH)_n$$

$$(4\text{-}1)$$

阳离子聚合反应是由链引发、链增长、链终止和链转移四个基元反应构成。

链引发：　　　　　　　　　$C+RH \rightleftharpoons H^+(CR)^-$ 　　　　　　　$(4\text{-}2)$

$$H^+(CR)^-+M \xrightarrow{k_i} HM^+(CR)^-$$

$$(4\text{-}3)$$

式中，C、RH、M 和 M^+ 分别为引发剂、助引发剂、单体和单体正离子。

链增长：　　　　　　$HM_n^+(CR)^-+M \xrightarrow{k_p} HM_nM^+(CR)^-$ 　　　$(4\text{-}4)$

链终止和链转移：　　　　$HM_nM^+(CR)^- \xrightarrow{k_t} Pr$ 　　　　　　$(4\text{-}5)$

$$HM_nM^+(CR)^-+M \xrightarrow{k_{tM}} Pr+M^+$$

$$(4\text{-}6)$$

$$HM_nM^+(CR)^-+S \xrightarrow{k_{tS}} Pr+S^+(S为溶剂)$$

$$(4\text{-}7)$$

阳离子聚合对杂质极为敏感，杂质或者会加速反应（助催化剂作用），或者对反应起阻聚作用（如叔胺），还能起到链转移或链终止的作用，使聚合物相对分子质量下降。因此，进行离子型聚合，需要精制所用溶剂、单体和其他试剂，还需对聚合系统进行仔细干燥。

四、实验仪器及试剂

仪器：两口烧瓶（100mL），温度计，直形冷凝管，注射器，注射针头，搅拌装置，真空系统，通氮系统。

试剂：苯乙烯（干燥的、新蒸馏的），苯，氢化钙，氟化硼/乙醚（BF_3/Et_2O），甲醇，无水硫酸钠。

五、实验步骤

1. 苯乙烯单体和苯溶剂的精制

苯乙烯精制：在 100mL 分液漏斗中加入 50mL 苯乙烯单体，用 15mL NaOH 溶液（5%）洗涤两次。用蒸馏水洗涤至中性，分离出的单体置于锥形瓶中，加入无水硫酸钠至液体透明。干燥后的单体进行减压蒸馏，收集 59～60℃、53.3kPa 的馏分，储存在烧瓶中，充氮封存，置于冰箱中。

苯需进行预处理：400mL 苯用 25mL 浓硫酸洗涤两次以除去噻吩等杂环化合物，用 25mL 5% NaOH 溶液洗涤一次，再用蒸馏水洗至中性，加入无水硫酸钠干燥待用。

2. BF₃/Et₂O 引发剂的精制

BF₃/Et₂O 长期放置时颜色会转变成棕色。使用前，在隔绝空气的条件下进行蒸馏，收集馏分。商品 BF₃/Et₂O 溶液中 BF₃ 的含量为 46.6%～47.8%，必要时用干燥的苯稀释至适当浓度。

3. 苯乙烯阳离子聚合

苯乙烯阳离子聚合装置（图 4-1）应安装在双排管反应系统上。所用玻璃仪器包括注射器、注射针头和磁力转子，预先置于 100℃ 烘箱中干燥过夜。趁热将反应瓶连接到双排管反应系统上，体系抽真空、通氮气，反复三次，并保持反应体系为正压（稍大于大气压）。分别用 50mL 和 5mL 的注射器先后注入 25mL 苯和 3mL 苯乙烯，在搅拌的作用下，再加入 0.3mL BF₃/Et₂O 溶液（质量分数约为 0.5%）。然后控制液温在 27～30℃ 范围内反应 4h，同时观察现象，得透明黏稠溶液。反应结束后，取下反应瓶，将溶液倒入盛有 100mL

图 4-1　苯乙烯阳离子聚合装置

工业甲醇的烧杯中终止反应并沉淀聚合物，得白色粉状固体，用布氏漏斗过滤，并用 50mL 甲醇洗涤，产物晾干，并于 60～80℃ 烘箱中干燥，取出称量，计算反应产率。

六、注意事项

（1）尽量除去体系中水、氧气等阻聚杂质。

（2）商品三氟化硼乙醚（化学纯）中 BF₃ 含量为 46.8%～47.8%，使用前应在氮气保护下用苯稀释至 6.3%。

（3）当反应时间确定时，聚合转化率和相对分子质量随单体浓度减少而降低。

七、思考题

（1）实现阳离子活性聚合的手段有哪些?

（2）为什么所用的原料必须是干燥的?

实验 18　三聚甲醛的阳离子开环聚合

一、实验目的

（1）掌握开环聚合的操作控制技术。
（2）熟悉三聚甲醛的阳离子聚合的原理。

二、预习要求及操作要点

（1）了解开环聚合的原理及实验技术。
（2）学习并掌握三聚甲醛的阳离子开环聚合的操作方法。

三、实验原理

三聚甲醛用作工程塑料聚甲醛及其他化学品的中间体，并用作消毒剂等，主要用于制作环氧树脂、双酚 A 的催化剂，是日用化妆品冷烫精及脱毛剂的主要原料，也可用来合成透明塑料和有机锑、有机锡等热稳定剂的基础原料巯基乙酸异辛酯，其试剂产品是检验铁、钼、银、锡等金属离子的灵敏试剂，是一种重要的有机化工原料，选矿上也可作硫化铜及硫化铁矿物的抑制剂。

三聚甲醛可以进行正离子或负离子开环聚合，但最常用的方法是正离子聚合。最常用的正离子聚合催化剂有 BF_3 等路易斯酸。三聚甲醛的正离子聚合过程与环醚的开环聚合有明显区别。最重要的区别是单体与引发剂产生的氧正离子可以转变为碳正离子，其推动力在于碳正离子的稳定性较高。

以 $BF_3 \cdot Et_2O$ 作为引发剂时，三聚甲醛的聚合反应过程如下：

（1）单体与引发剂发生配位-交换反应，形成活性中心，从而完成链引发反应。

$$BF_3 \cdot Et_2O + H_2O \Longleftrightarrow H^+[BF_3OH]^- + Et_2O \tag{4-8}$$

$$\text{（环）} + H^+[BF_3OH]^- \longrightarrow H\!-\!O^+\text{（环）} \quad [BF_3OH]^- \tag{4-9}$$

（2）单体不断与活性中心反应，使聚合链增加。

$$H\!-\!O^+\text{（环）}\,[BF_3OH]^- \longrightarrow HOCH_2OCH_2OCH_2^+[BF_3OH]^- \longrightarrow$$

$$HOCH_2OCH_2OCH_2\!-\!O^+\text{（环）}\,[BF_3OH]^- \longrightarrow$$

$$HOCH_2OCH_2OCH_2\!-\!(OCH_2)_n\!-\!OCH_2^+[BF_3OH]^- \tag{4-10}$$

（3）链的终止反应一般是通过链转移进行的，如与水的链转移反应。

$$
\begin{gathered}
HOCH_2OCH_2OCH_2 \longrightarrow (OCH_2)_n \longrightarrow OCH_2^+[BF_3OH]^- + H_2O \longrightarrow \\
HOCH_2OCH_2OCH_2 \longrightarrow (OCH_2)_n \longrightarrow OCH_2OH
\end{gathered}
\tag{4-11}
$$

由于生成的聚甲醛溶解性很差，因此三聚甲醛的开环聚合无论是在本体还是在溶液中都是非均相过程。所得聚合物分子链的末端基为半缩醛结构，很不稳定，加热时易发生解聚反应分解成甲醛，不具有实用价值。解决方法之一是把产物和乙酸酐一起加热进行封端反应，使末端的羟基酯化，生成热稳定性高的酯基。

本实验用三氟化硼乙醚络合物作为引发剂，二氯乙烷作为溶剂，进行三聚甲醛阳离子开环聚合，所得聚甲醛再用乙酸酐封端稳定化。

四、实验仪器及试剂

仪器：磨口锥形瓶（100mL），三通活塞，烧瓶，空气冷凝管，恒温磁力搅拌器，注射器。

试剂：三聚甲醛（用水重结晶后真空干燥），三氟化硼乙醚溶液（$0.1mol \cdot L^{-1}$的二氯乙烷溶液），二氯乙烷（干燥），丙酮，乙酸酐，无水乙酸钠。

五、实验步骤

1. 溶液（沉淀）聚合

三聚甲醛的开环聚合，在干燥的圆底烧瓶中加入 45g（0.5mol）无水三聚甲醛及 105g 二氯乙烷，用翻口塞塞好。用注射器经橡皮塞注入溶有 35mg（0.25mmol）$BF_3 \cdot Et_2O$ 的 3.5mL 二氯乙烷。一边剧烈振荡一边注入引发剂。将反应瓶放入 45℃水浴中。数分钟后应有聚甲醛沉淀生成，如 15min 后仍无沉淀出现，可能是体系不纯所致，可补加少量引发剂，并记录补加的引发剂量。整个反应体系十几分钟凝固。反应 1h 后加入丙酮调成糊状，用玻璃砂漏斗抽干，再用丙酮将聚合物洗几次，抽干。将聚合物放入真空烘箱中于 50℃干燥，称量，计算收率。

2. 乙酸酐封端反应

在装有空气冷凝管和氯化钙干燥管的 100mL 的烧瓶中，加入 3g 上述所得的粉状三聚甲醛、30mL 乙酸酐及 30mg 无水乙酸钠，磁力搅拌下回流（139℃）2h后，冷却，抽滤。产物用加有一些甲醇的温蒸馏水（50℃）充分洗涤 5 次，再用丙酮洗涤 3 次，室温下真空干燥。

用热重分析仪（TGA）测定乙酸酐封端前后聚甲醛的热稳定性。

六、注意事项

（1）三聚甲醛可用 CaH$_2$ 脱水。在三聚甲醛中加入 5%（质量分数）的 CaH$_2$，回流 20h，再经分馏即可。

（2）氮气保护下，氮气通入速度不宜过快。

（3）三聚甲醛称量时应佩戴一次性手套，注意防护。

七、思考题

（1）如何证明已发生乙酸酐封端反应?

（2）工业上用什么方法提高聚甲醛的稳定性?

实验 19　四氢呋喃阳离子开环聚合

一、实验目的

（1）理解阳离子开环聚合反应的机理和反应条件。

（2）掌握四氢呋喃阳离子开环聚合的操作方法。

二、预习要求及操作要点

（1）掌握阳离子开环聚合方法。

（2）加深对离子型开环聚合原理的理解。

三、实验原理

环状单体开环聚合成线形聚合物的反应，称为开环聚合反应。开环聚合在聚合物合成化学中占有重要地位，与缩聚、加聚并列为三大聚合反应，许多可被用作生物医用材料的聚合物都是通过开环聚合得到的，如聚 ε-己内酯、聚碳酸酯、绝大多数聚醚和聚 L-氨基酸等。可进行开环聚合的单体大多含有杂原子，分子极性大，易进行离子型聚合，因此，开环聚合大多为离子型聚合。

环醚类单体的阳离子开环聚合的引发剂主要有质子酸（如 H$_2$SO$_4$、HClO$_4$ 等）和路易斯酸（如 BF$_3$、AlCl$_3$、SnCl$_4$ 等）。四氢呋喃的聚合活性较低，用一般的引发剂只能得到相对分子质量为几千的聚合物，而且聚合速率较低。以往增加四氢呋喃聚合速率的方法是在体系中加入一些活性较大的环醚作为促进剂，如环氧乙烷。

　　四氢呋喃（tetrahydrofuran）简称 THF，无色液体，有类似己醚的气味，能溶于水、乙醇、乙醚、脂肪烃、芳香烃、丙酮、苯等有机溶剂，有毒。相对密度 0.888（20℃），凝固点−108.5℃，沸点 65.4℃，闪点−17.2℃，折射率 1.407。THF 为五元环的环醚类化合物。其环上氧原子具有未共用电子对，为亲电中心，可与亲电试剂如路易斯酸、含氢酸（如硫酸、高氯酸、乙酸等）发生反应进行阳离子开环聚合。但 THF 为五元环单体，环张力较小，聚合活性较低，反应速率较慢，须在较强的含氢酸引发作用下，才能发生阳离子开环聚合。经实验证明，四氢呋喃在高氯酸引发（乙酸酐存在下）作用下，可合成相对分子质量为 1000～3000 的聚四氢呋喃。化学反应原理如下：

　　链引发反应：

$$HClO_4 + O\!\!\diagdown\!\!\diagup \longrightarrow H\!-\!\overset{+}{O}\!\!\diagdown\!\!\diagup \quad ClO_4^- \tag{4-12}$$

$$H\!-\!\overset{+}{O}\!\!\diagdown\!\!\diagup \; ClO_4^- + O\!\!\diagdown\!\!\diagup \longrightarrow H\!-\!O\!-\!\!\left(CH_2\right)_4\!\overset{+}{O}\!\!\diagdown\!\!\diagup \; ClO_4^- \tag{4-13}$$

　　链增长反应：

$$H\!-\!O\!-\!\!\left(CH_2\right)_4\!\overset{+}{O}\!\!\diagdown\!\!\diagup \; ClO_4^- + nO\!\!\diagdown\!\!\diagup \longrightarrow H\!\!\left[\!\left(O\!-\!CH_2\right)_4\right]_{n+1}\!\overset{+}{O}\!\!\diagdown\!\!\diagup \; ClO_4^- \tag{4-14}$$

　　链终止反应：

$$H\!\!\left[\!O\!-\!\left(CH_2\right)_4\right]_{n+1}\!\overset{+}{O}\!\!\diagdown\!\!\diagup \; ClO_4^- + H_2O \xrightarrow{NaOH} H\!\!\left[\!\left(O\!-\!\left(CH_2\right)_4\right)\right]_{n+2}\!OH + HClO_4 \tag{4-15}$$

$$HClO_4 + NaOH \longrightarrow NaClO_4 + H_2O \tag{4-16}$$

　　由以上聚合反应过程可知，主产物是聚四氢呋喃，副产物是高氯酸钠和乙酸钠。

四、实验仪器及试剂

　　仪器：四口烧瓶，滴液漏斗，蒸馏装置，回流冷凝管，电热套，低温温度计（−50～50℃），温度计（0～100℃），分液漏斗。

　　试剂：四氢呋喃，乙酸酐，高氯酸，氢氧化钠，甲苯。

五、实验步骤

　　1. 原料用量比

　　乙酸酐：高氯酸：四氢呋喃：氢氧化钠=1：0.067：5.9：2.92（物质的量比）=

1.02∶6.7∶430∶116.8（质量比）。

2. 催化剂的制备

在装有搅拌器、温度计（–50～50℃）、滴液漏斗的 250mL 四口烧瓶中，加入乙酸酐 102g，冷却至（–10±2）℃，在低速搅拌下缓慢滴加高氯酸 6.7g，温度控制在（2±2）℃，加完高氯酸后再搅拌 5～10min 即制成催化剂（金黄色），放入冰箱中备用。

3. 聚四氢呋喃的合成

在装有搅拌器、温度计（–50～50℃）、滴液漏斗的 500mL 四口烧瓶中，加入四氢呋喃 430g，并冷却至（–10±2）℃，在搅拌下加入上述催化剂，温度控制在（2±2）℃。加完催化剂后再于（2±2）℃下反应 2h（缓慢搅拌），再升温至（10±2）℃反应 2h，再将体系冷却至（5±2）℃，滴加 40% NaOH 水溶液，控制体系 pH 为 6～8。

换上蒸馏装置，蒸出未反应的四氢呋喃，收集 65～67℃的馏分（回收）。再换上回流装置，继续加热，使体系温度保持在 116～120℃，强烈搅拌 4～5h，反应完毕。当物料温度降至 50℃以下时出料，将反应物料倒入 1000mL 大烧杯中。

4. 聚合物后处理

在反应物料中加入 100～150mL 甲苯、100mL 纯水，并用乙酸酐或氢氧化钠水溶液调整体系的 pH 为 7～8。将上层物料倒入 1000mL 分液漏斗中，分去下面水层，用纯水洗涤 4～5 次（每次加纯水 5～100mL）至体系的 pH 为 7。

再换上蒸馏装置蒸出甲苯-水，收集 110.6℃的馏分（回收），即得到端羟基聚四氢呋喃。将聚四氢呋喃置于真空干燥箱中（温度 50～60℃）、压力 21.3kPa（160mmHg）下干燥脱水 3h，最后得到相对分子质量为 2000～3000 的聚四氢呋喃，称量，计算产率。

六、注意事项

（1）体系的低温控制可采用熔融氯化钙-冰体系，或采用氯化钠-冰体系，根据温度要求二者按一定比例混合，冰块小些、氯化钠多些，体系的温度较低。在条件允许的情况下可以采用低温浴进行实验。

（2）在滴加 40% NaOH 溶液时，需注意滴加速率，开始时需慢慢滴加，随着终止反应的进行，反应速率减慢，可以加快滴加速率，但注意不要使体系的温度超过 40℃，否则，由于反应剧烈，物料有冲出的危险。

七、思考题

（1）阳离子开环聚合有哪些特点？

（2）阳离子聚合时，为什么不能有水？为什么需要在低温下进行？

（3）阳离子聚合时，对单体和催化剂有什么要求？

（4）如何测定聚四氢呋喃的羟基含量？

实验 20　阴离子聚合引发剂烷基钠的制备

一、实验目的

（1）了解阴离子聚合引发剂的特点和制备方法。

（2）掌握阴离子聚合引发剂的测定方法。

二、预习要求及操作要点

（1）了解烷基钠的性能。

（2）掌握烷基钠的引发机理。

三、实验原理

阴离子聚合是离子聚合的一种，在该类反应中，烯类单体的取代基具有吸电子性，使双键带有一定的正电性，具有亲电性。

阴离子聚合的引发剂种类很多，常见的有碱金属、碱金属烷基化合物、碱金属醇化物、格氏试剂、胺类化合物等。不同的引发剂制备方法不尽相同，性能不同，引发机理也不相同。根据引发机理，阴离子引发剂可分为亲核引发和电子转移引发两类。

在亲核引发类别中，烷基锂是使用最多的，其引发活性高，反应速率快，除了甲基锂以外，其他烷基锂引发剂均可溶解在烃类溶剂中。其中，丁基锂是最常用的一种引发剂，在常温下是液体，能溶解在己烷中。烷基锂在非极性溶剂中呈缔合状态，在多数情况下形成四聚体或六聚体，这些引发剂的多聚体碳阴离子亲核性随缔合度增大而减小，使阴离子聚合的反应级数出现分数，并导致相对分子质量分布变宽。在极性溶剂中，烷基锂的缔合现象完全消失，引发活性增加，聚合物的相对分子质量分布较窄。因此，要得到相对分子质量分布窄的聚合物，应将烷基锂溶于极性溶剂中进行聚合反应。

萘-钠体系是电子转移引发的一个典型例子。引发反应包括萘自由基阴离子的生成、萘自由基阴离子将电子转移给单体使单体形成自由基阴离子、两个单体自由基阴离子偶合成为双阴离子。萘-钠自由基阴离子在极性溶剂（如四氢呋喃）中是稳定的，而在非极性溶剂中不稳定，如以苯为溶剂替换四氢呋喃，则萘-钠自由基阴离子活性中心离子对将分解成萘和钠而析出。除萘外，蒽、酮类和亚甲基胺类等也可作为电子转移媒介剂。电子转移引发的增长链均具有两个活性中心。

萘-钠的引发机理：钠和萘溶于四氢呋喃中，钠将外层电子转移给萘，形成萘-钠自由基阴离子，呈绿色。四氢呋喃中氧原子上的未共用电子对与钠离子形成络合阳离子，使萘钠结合疏松，更有利于萘自由基阴离子的引发。加入苯乙烯，萘自由基阴离子就将电子转移给苯乙烯，形成苯乙烯自由基阴离子，呈红色。两阴离子的自由基端基偶合成苯乙烯双阴离子，而后双向引发苯乙烯聚合。溶剂性质对苯乙烯-萘钠体系聚合速率有较大的影响。在弱极性溶剂如苯或二氧六环中，活性种以紧对存在，聚合速率常数低。在极性溶剂和电子给予指数大、溶剂化能力强的溶剂如四氢呋喃和 1,2-二甲氧基乙烷中，活性种以疏松离子对和/或自由离子存在，聚合反应速率常数高。

$$\text{Na} + \text{（萘）} \longrightarrow \text{（萘自由基阴离子）}^{\cdot-}\ \text{Na}^+$$

阴离子引发剂在制备和长期放置过程中，由于种种原因，部分引发剂会被终止而失去引发活性，因此在聚合反应之前需采用双滴定法测定其浓度，以了解其准确用量。一般先将引发剂溶液与水反应，用酸标准溶液滴定总碱量，再将引发剂与干燥的卤代烷反应，用酸标准溶液滴定非引发剂的碱量，两者之差为引发剂的碱量。

阴离子引发剂对水汽和空气都很敏感，容易与许多化合物发生反应而失效，因此应在无水、惰性气氛和无活泼杂质条件下进行制备和存放。

本实验制备萘-钠引发剂，并测定其浓度。

四、实验仪器及试剂

仪器：三口烧瓶，氮气发生器，铁架台，单口烧瓶，球形冷凝管，锥形瓶，磁力搅拌器，真空泵。

试剂：萘，钠，四氢呋喃（分析纯），无水甲醇，二溴乙烷，盐酸，无水碳酸钠，氢氧化钾，氢化铝锂。

五、实验步骤

（1）用纯水配制约 $0.3\text{mol} \cdot \text{L}^{-1}$ 盐酸溶液 500mL 置于试剂瓶中，准确称取一定量的无水碳酸钠，对配制的盐酸溶液进行标定，记录盐酸溶液的准确浓度。

（2）将 100mL 四氢呋喃加入 250mL 磨口锥形瓶中，加入 10g 氢氧化钾干燥 2～3 天后过滤。将滤液进行重新蒸馏后取 10%～85% 的滤液备用。

（3）在三口烧瓶上装上球形冷凝管、抽真空装置、通氮气管，放置在磁力搅拌器上。需要注意的是，利用真空接收头组装成抽真空装置时，上部必须用橡胶塞塞住，不能用磨口玻璃塞，通氮气入口由橡胶塞和细玻璃管组成，玻璃管长度以刚接触液面为宜，冷凝管上部同样用橡胶塞塞住。

（4）打开真空泵，抽真空 2min，然后通入氮气 3min，反复进行 3～5 次，直到反应器中形成高纯氮气气氛为止。

（5）在通氮气的条件下，打开橡胶塞，加入 2.3g（0.1mol）钠于三口烧瓶中，再加入干燥并新蒸馏过的四氢呋喃 40mL，然后加入 14.4g（0.12mol）萘，继续缓慢通氮气，将接真空接口与真空泵断开，用乳胶管和止水夹堵住，在冷凝管上部橡胶塞中插入一根针头与大气相通。

（6）在室温下反应 6h，观察体系颜色的变化，最后为深绿色溶液。停止反应，在氮气保护下用注射器将引发剂转移到密封容器中备用。

（7）取两个洗净干燥的 150mL 锥形瓶，向其中通入 3min 氮气置换内部空气后立即用橡胶塞塞紧瓶口，用注射器向两只烧瓶加入等量的引发剂，约 10mL。

（8）向一个锥形瓶中用注射器加入 5mL 无水甲醇，反应约 15min。待反应结束后，打开橡胶塞，用 20mL 纯水洗涤烧瓶壁，加入 2～3 滴酚酞指示剂，用盐酸标准溶液滴定，记录消耗盐酸溶液的体积（V_1，mL）。

（9）在另一只烧瓶的橡胶塞上插入一根注射针头作为出气口，用注射器缓慢加入 5mL 二溴乙烷，反应约 15min。待反应结束后，打开橡胶塞，用 20mL 纯水洗涤锥形瓶壁，加入 2～3 滴酚酞指示剂，用盐酸标准溶液滴定，记录消耗盐酸的体积（V_2，mL）。

六、数据处理

引发剂的浓度由下式计算：

$$引发剂浓度 = \frac{(V_1 - V_2)c}{V_0} \tag{4-17}$$

式中，c 为标定后的盐酸溶液浓度，mol·L^{-1}；V_0 为实际取用引发剂的体积，mL。

七、注意事项

（1）金属钠遇水易燃并放出氢气，处理时必须倍加小心。

（2）所有仪器必须洁净并干燥。

（3）本实验必须在通风橱中进行。

八、思考题

（1）在引发剂的制备过程中，将抽真空系统停止，直接在冷凝管上部插入针头的作用是什么？

（2）在引发剂的制备过程中，用橡胶塞塞住磨口塞的口，为什么不能用玻璃塞？

（3）引发剂与二溴乙烷反应，为什么要在塞子上插入注射针头作为出气口？

实验 21　苯乙烯的阴离子聚合

一、实验目的

（1）掌握苯乙烯的阴离子聚合方法。

（2）操作中注意反应温度的变化并对其进行控制。

二、预习要求及操作要点

（1）了解苯乙烯的阴离子聚合的反应原理。

（2）了解阴离子聚合的操作控制技术。

三、实验原理

存在阴离子活性种引发的聚合为阴离子聚合，阴离子聚合的单体可以分为烯和杂环两大类，通常带有吸电子基团的烯类单体有利于阴离子聚合，带有芳香基团、双键等的共轭烯类单体，如苯乙烯，既能进行阴离子聚合，又能进行阳离子聚合。

活性阴离子聚合有快引发、慢增长、无终止、无链转移的特点，因此得到的聚合物的相对分子质量分布很窄，相对分子质量设计的可达到性最高，很多用作凝胶渗透色谱技术的标准样品都是通过阴离子聚合得到的。

阴离子聚合的引发剂有路易斯碱、碱金属、碱土金属的有机化合物、三级胺类及一些亲核试剂，其中碱金属引发属于电子转移机理，其他属于阴离子直接引发机理。阴离子聚合一般选用非质子溶剂，因为其不会与阴离子产生溶剂化作用或反应而阻碍聚合的进行，另外溶剂的量也不宜太多，否则单体浓度降低而降低反应速率，也会导致活性链的溶剂转移。对于阴离子聚合，聚合的温度是一个重要影响因素，聚合需要在低温下进行，这是因为由于离子对的反应平衡常数 K_p 很小，聚合表观速率由离子对决定，反应的总活化能在大部分情况下都为负值，聚合速率会随着温度的升高而降低，聚合物的相对分子质量也会减小。

阴离子聚合在几种聚合中得到的聚合物是最规整的，但其聚合操作的要求也是最高的，反应体系要严格无水无氧，还需要用丙酮-液氮冷水浴控制低温，因此操作起来需要格外注意。

本实验采用 $n\text{-}C_4H_9Li$ 催化剂进行苯乙烯阴离子聚合：

$$nCH_2=CH \xrightarrow{n\text{-}C_4H_9Li} -(CH_2-CH)_n \qquad (4\text{-}18)$$

链引发：链引发是催化剂分子中负离子与单体加成，形成碳阴离子活性中心，引发速率很快，生成苯乙烯阴离子，呈红色。

$$nCH_2=CH + n\text{-}C_4H_9Li \longrightarrow C_4H_9-CH_2-CH^-Li^+ \qquad (4\text{-}19)$$

链增长：引发反应所生成的活性中心继续与单体加成，形成活性增长链。

$$C_4H_9-CH_2-CH^-Li^+ + nCH_2=CH \longrightarrow C_4H_9\left[CH_2-CH\right]_n CH_2-CH^-Li^+ \qquad (4\text{-}20)$$

该活性链在无水无氧完全不存在任何转移剂的情况下是不会终止的，所以阴离子聚合是无终止反应。如果再加入新的苯乙烯单体，链继续增长，黏度很快增大，为"活性"高聚物，其聚合速率可以直接用下式表示：

$$R_p = k_p[M^-][M] \qquad (4\text{-}21)$$

式中，[M]为单体浓度；[M⁻]为活性链浓度，可以用加入的催化剂的浓度表示。

阴离子聚合速率比自由基聚合速率大得多，这是由于活性中心的浓度不同，在一般情况下，阴离子聚合时高分子活性链的浓度[M⁻]为 $10^{-2}\sim10^{-3}\,mol\cdot mL^{-1}$，而自由基聚合反应的活性浓度[M·]为 $10^{-9}\sim10^{-7}\,mol\cdot mL^{-1}$，所以一般阴离子聚合速率是自由基聚合速率的 $10^{-4}\sim10^{-7}$ 倍。

阴离子聚合的活性中心有离子对、自由阴离子或离子对和自由阴离子共同存在。在不同溶剂中存在平衡关系：

$$A^{\ominus}B^{\oplus} \rightleftharpoons A^{\ominus}/B^{\oplus} \rightleftharpoons A^{\ominus} + B^{\oplus}$$

$$\underset{\text{离子对}}{} \quad \underset{\text{溶剂化离子}}{} \quad \underset{\text{自由离子}}{}$$

$$\xrightarrow{\qquad\qquad\qquad\qquad}$$
$$\text{溶剂极性增加}$$

极性溶剂有利于自由离子，非极性溶剂则倾向离子对反应，因此溶剂对聚合速率有显著影响。

聚合物的数均聚合度（DP_n）由单体投料浓度[M]和引发剂浓度[C]计算

$$DP_n = \frac{[M]}{[C]} \qquad (4\text{-}22)$$

如果链增长通过双阴离子活性中心进行，则

$$DP_n = \frac{2[M]}{[C]} \qquad (4\text{-}23)$$

所以聚合物相对分子质量分布很窄，是单分散性。

链终止：

$$C_4H_9 \left[CH_2-CH \right]_n CH_2CH^-Li^+ + CH_3OH \longrightarrow C_4H_9 \left[CH_2-CH \right]_n CH_2-CH_2 \qquad (4\text{-}24)$$

阴离子聚合所制备的聚苯乙烯（PS）常用于标样。

四、实验仪器及试剂

仪器：真空油泵，听诊橡皮管，止血钳，注射器和长针头，氮气流干燥系统。

试剂：苯乙烯，正丁基锂溶液，环己烷，高纯氮气（99.99%），3A 分子筛。

五、实验步骤

1. 反应试剂预处理

苯乙烯：聚合级，无水氯化钙干燥数天，减压蒸馏，储存于棕色瓶内。环己烷：化学纯，分子筛干燥蒸馏。实验前需将无水环己烷和苯乙烯进行脱氧通氮，在氮氧保护下，储存备用。

2. 样品制备

取大试管一支，配上单孔橡皮塞、短玻管及一段听诊橡皮管，接上氮气流干燥系统。抽真空通氮气，反复三次，以排出试管中空气，在减压下用止血钳夹住 1/6 处，用注射器注入 8mL 环己烷和 2mL 苯乙烯，摇匀，用注射器先缓慢注入少量 $n\text{-}C_4H_9Li$，不时摇动，以消除体系中残余杂质，接着加入预先设计计算好量的 $n\text{-}C_4H_9Li$（按所要产物相对分子质量计算）。此时溶液立即变成红色（为苯乙烯阴离子的颜色），在 50℃水浴中加热 30min，取出，注入 0.5mL 甲醇终止反应，红色很快消失。把聚合物溶液在搅拌下加入 50mL 甲醇中使其沉淀，抽滤得白色聚苯乙烯，在 50℃烘箱中烘干，再放入 50℃真空烘箱中恒量，计算转化率。

3. 产品检测

用凝胶渗透色谱仪（GPC）测定产物的相对分子质量和相对分子质量分布，并与自由基聚合方法得到的聚苯乙烯的图相比较。

六、注意事项

（1）所用仪器必须洁净并绝对干燥。
（2）反应体系必须保持无水无氧。
（3）采用 99.99%的高纯氮。

七、思考题

（1）活性聚合应满足哪些条件？
（2）阴离子聚合有哪些特点？

实验 22　二苯甲酮二钠引发的苯乙烯阴离子聚合反应

一、实验目的

（1）加深对阴离子聚合原理和特点的理解。
（2）掌握二苯甲酮二钠引发阴离子聚合的实验方法。

二、预习要求及操作要点

（1）了解氧负离子与碳负离子的活性差别。
（2）掌握二苯甲酮二钠的制备。

三、实验原理

阴离子引发剂可分为亲核引发剂（如烷基锂和格氏试剂）和电子转移引发剂（如萘-碱金属），碱金属也可以单独引发阴离子聚合，其引发机理与碱金属的种类和溶剂性质有关。本实验采用二苯甲酮、钠作为引发体系，属于电子转移引发机理，具体过程如下。

碱金属与二苯甲酮反应，生成深蓝色的二苯甲酮二钠阴离子自由基，二苯甲酮二钠阴离子自由基进一步与钠反应生成紫红色的二苯甲酮二钠。因此，在精制干燥溶剂时经常加入二苯甲酮作为指示剂，以溶剂中出现深蓝色作为溶剂中无水和其他杂质的标记。

化学反应式如下：

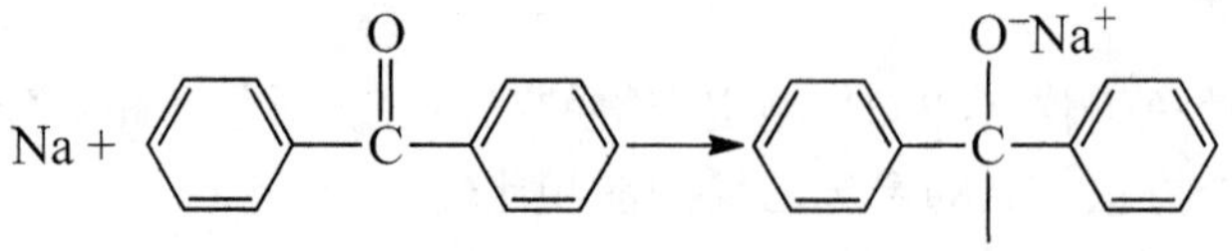

$$（4-25）$$

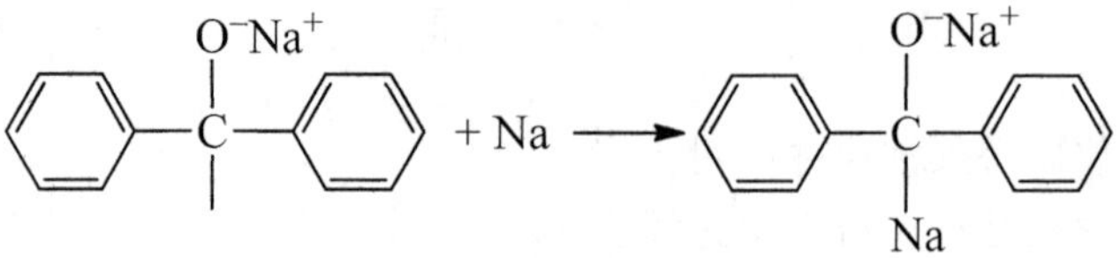

$$（4-26）$$

二苯甲酮二钠与苯乙烯反应生成红色的苯乙烯自由基阴离子，两个苯乙烯自由基阴离子偶合形成苯乙烯二聚体的双阴离子，它为真正的活性种。苯乙烯双阴离子进而与单体加成进行聚合反应。苯乙烯阴离子的颜色为深红色，由此可以判断聚合反应是否进行。

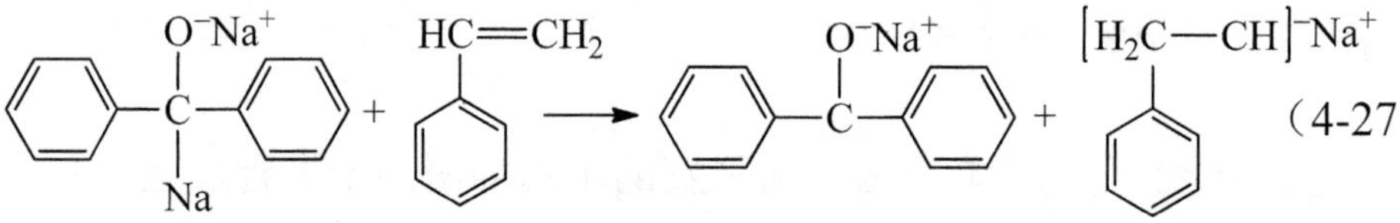

$$（4-27）$$

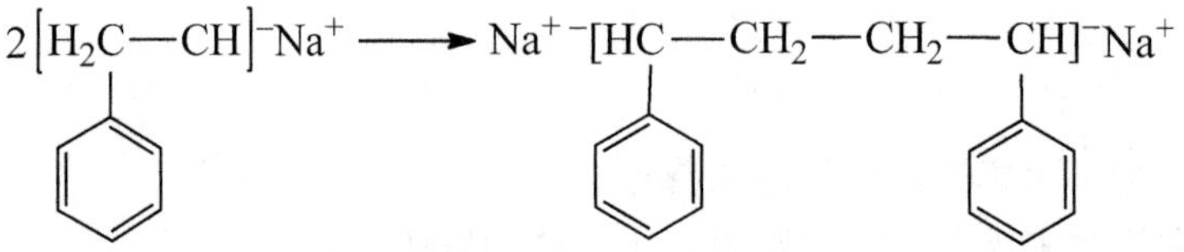

$$（4-28）$$

四、实验仪器及试剂

仪器：聚合管，注射器，注射针头。

试剂：甲苯，苯乙烯，四氢呋喃，钠，二苯甲酮，乙醇。

五、实验步骤

1. 单体的精制

用于阴离子聚合的苯乙烯纯度要求较高，精制方法如下：

取 150mL 苯乙烯置于 250mL 分液漏斗中，用 5%～10%氢氧化钠溶液洗涤数次，直到无色（每次用量约 30mL），再用去离子水洗至中性，以无水氯化钙干燥，再用 0.5nm 分子筛浸泡一周，然后在氢化钙或钠丝存在下进行减压蒸馏，得到精制苯乙烯。

苯乙烯减压蒸馏操作如下：安装减压蒸馏装置；开动真空泵抽真空，用真空检漏计检查体系；用煤气灯烘烤可以烘焙的仪器，约 15min 后关闭抽真空活塞和压力计活塞，通入高纯氮气 1min，再抽真空、烘烤，如此反复三次；待冷却后，在高纯氮气保护下进行加料，先加入氢化钙 1~2g，然后加入已浸泡分子筛的苯乙烯，加至烧瓶一半体积即可；关闭高纯氮气，减压下加热蒸馏；根据苯乙烯沸点与压力关系收集馏分，弃去少量前馏分；所得精制苯乙烯在高纯氮气保护下密封，于冰箱中保存待用。

2. 二苯甲酮二钠引发剂的制备

将 7mL 无水甲苯加入干燥的聚合管中，取 0.15g 钠用甲苯洗去表面油污。用试管夹夹紧聚合管，将其用酒精灯加热，待甲苯接近沸腾时，小心操作使金属钠熔化成小球，保持甲苯微沸 1min，注意聚合管口偏离火焰。然后迅速塞上橡皮塞，用手指压紧橡皮塞，趁钠处于熔融状态，用力振荡将金属钠分散成细粒状，继续振摇至钠粒凝固。若钠分散不够理想，可打开橡皮塞，重新操作。用注射器将聚合管中甲苯吸出，并用少量四氢呋喃洗涤一次。取 6g 二苯甲酮加入 250mL 干燥烧瓶中，塞上橡皮塞，用注射器加入 100mL 四氢呋喃，振摇使二苯甲酮完全溶解。向聚合管中加入 5mL 上述二苯甲酮、四氢呋喃溶液，不断振摇并观察溶液颜色变化，直至溶液呈深紫色。

3. 苯乙烯阴离子聚合

在聚合管的橡皮塞上先插一个注射针头，然后用注射器缓慢加入 3mL 干燥苯乙烯，轻轻摇动，观察体系颜色变化和黏度变化，聚合过程中有大量热量生成，会导致聚合管发热。待体系温度恢复正常后，打开橡皮塞，加入 5mL 四氢呋喃，使其与聚合液混合均匀，再在烧杯中用 150mL 乙醇沉淀聚合物，聚合管中残留物用少量四氢呋喃溶解洗出，一并沉淀。用布氏漏斗过滤，乙醇洗涤，抽干，于真空烘箱内干燥，称量，计算收率。

六、注意事项

（1）金属钠熔融分散时，酒精灯加热，聚合管口尽量远离火源，在通风橱中进行。

（2）阴离子聚合要严格控制聚合体系洁净、干燥、无杂质。所使用的单体、引发剂都需要精制。

七、思考题

（1）阴离子聚合具有什么特点？

（2）阴离子聚合有哪些重要应用？

（3）是否可以使用苯代替甲苯制备二苯甲酮二钠引发剂？为什么？

（4）计算初期聚合速率和单体转化率为 80% 的数均聚合度。

实验 23　苯乙烯-丁二烯-苯乙烯嵌段共聚物的制备

一、实验目的

（1）掌握用阴离子聚合法合成三嵌段共聚物的方法。

（2）了解热塑料弹性体的结构和性能。

二、预习要求及操作要点

（1）掌握活性聚合物的合成方法。

（2）了解合成嵌段共聚物的原理。

三、实验原理

　　嵌段共聚物又称镶嵌共聚物，是将两种或两种以上性质不同的聚合物链段连在一起制备而成的一种特殊聚合物。具有特定结构的嵌段聚合物会表现出与简单线形聚合物及许多无规共聚物甚至均聚物的混合物不同的性质，可用作热塑弹性体、共混相溶剂、界面改性剂等，广泛地应用于生物医药、建筑、化工等各个领域。

　　根据组成嵌段共聚物的链段数量的多少可以分为二嵌段共聚物、三嵌段共聚物、多嵌段共聚物等。根据各种链段的交替聚合是否有规律，又分为有规嵌段共聚物和无规嵌段共聚物。

$$SB^- \xrightarrow{X-Y-X} SB-Y-BS$$
$$SB^- \xrightarrow{Y(X)_n} (SB)_n Y \quad (n>2)$$

　　先用正丁基锂引发苯乙烯聚合,转化完全后,得到活性聚苯乙烯(S⁻),再加入丁二烯进行聚合,得到苯乙烯-丁二烯二嵌段活性聚合物(SB⁻),再加入苯乙烯,聚合后终止反应,得到线形苯乙烯-丁二烯-苯乙烯三嵌段共聚物(SBS),也可用偶联剂偶联来合成 SBS 共聚物,SB⁻经双官能团偶联剂 X—Y—X(如二甲基二氯硅烷)偶联形成线形 SBS;SB⁻经多官能团偶联剂 Y(X)ₙ,如四氯化硅偶联,合成星形 SBS。当然,还可用双负离子引发剂来合成 SBS,例如

$$\text{双负离子引发剂} + B \longrightarrow \overset{\ominus}{B} \text{\raise1pt\hbox{\tiny$\sim\!\!\sim\!\!\sim$}} \overset{\ominus}{B} \overset{S}{\longrightarrow} \overset{\ominus}{S} B \text{—} B \overset{\ominus}{S} \longrightarrow SBS$$

　　这种嵌段共聚物微观下是相分离的。聚苯乙烯段(PS 段)聚集在一起称为“微区”,这些“微区”分散在周围大量的橡胶弹性链段之间,为分散相形成物理图嵌段共聚物链段结构序列交联,阻止聚合物链的冷流,而中间嵌段则形成连续相,呈现高弹性,所以是两相结构,在通常使用温度下,这种共聚物几乎与普通的硫化橡胶没有区别,但在化学上则不同,它们的分子链间无共价键交联。当温度升高,超过 PS 段玻璃化转变温度时,PS“微区”破坏,流动性变好,可注塑加工;冷却后,再次形成 PS“微区”,重新固定弹性链段,形成新的物理交联。因此,这类 SBS 嵌段共聚物又称热塑性弹性体。

四、实验仪器及试剂

　　仪器:真空油泵,盐水瓶(500mL,250mL),听诊橡皮管,止血钳,注射器,长针头,氮气流干燥系统,三口烧瓶,分液漏斗,冷凝管。

　　试剂:环己烷,苯乙烯,丁二烯,丁基锂溶液,高纯氮气(99.99%),四氯化硅-环己烷溶液,分子筛,庚烷,正庚烷,金属锂,正氯丁烷,苯,氧化剂264。

五、实验步骤

1. 正丁基锂的制备

　　以庚烷为溶剂,从约100℃的烘箱中取出烘干的250mL三口烧瓶、分液漏斗、冷凝管,趁热装好仪器。冷凝管出口接一根干燥管,再连一根干燥橡胶管,其另一端浸入小烧杯的液状石蜡中(根据液状石蜡鼓气泡的大小,可以调节氮气的流量)。在三口烧瓶中加入35mL无水正庚烷及新剪成小片的5g金属锂。加热甘油浴至约60℃。通高纯氮气5～10min后,在搅拌下从滴液漏斗加入30mL无水正氯丁烷及16mL无水正庚烷的混合液,因放热,庚烷回流。控制滴加速率,使回流不要太快,约20min滴加完,此时溶液呈浅蓝色。将甘油浴加热至100～110℃,并调节好温度计控温,在搅拌下回流2～3h。反应后期,因产生大量氯化锂,溶液变乳浊,最后呈灰白色。反应期间,将氮气流量调至能在液状石蜡中产生一个接一个的气泡即可。

反应结束后，稍加冷却，通氮气下取下三口烧瓶，三口均盖磨口塞，在室温下静置约 0.5h，氯化锂沉于瓶底。上层清液即为丁基锂溶液，呈浅黄色。准备一只干燥的 50mL 磨口锥形瓶，将上层清液轻轻倒入锥形瓶中，瓶口塞翻口塞，放置在干燥器中备用。

加 50mL 干燥苯及 0.5g 金属锂，通高纯氮气 5～10min，将体系中的空气排出。开启电磁搅拌，从滴液漏斗加入 5g 无水正氯丁烷，反应温度控制在以保持苯有少量回流为宜。反应 4～5h 后降至室温。通氮气时取下三口烧瓶，各瓶口均盖上磨口塞，约 0.5h 后将上层清液转移至 50mL 干燥磨口锥形瓶，塞紧翻口塞，存放于干燥器中。清液中丁基锂浓度约为 1mol·L^{-1}，使用时用注射器直接插入翻口塞吸取。

以庚烷为溶剂与以苯为溶剂的两种方法基本相同，只是前者丁基锂浓度大，后者较小，均适用于聚合。

2. SBS 的制备

苯乙烯、无水氯化钙干燥数天，环己烷用分子筛干燥蒸馏。

取一个 500mL 盐水瓶作为反应瓶，盖好橡皮塞，用不锈钢导管插入橡皮塞，另一端连接氮气干燥净化系统和真空水泵，连续抽空-烘干-充氮三次后冷却，用玻璃注射器注入 250mL 环己烷、26mL 苯乙烯，摇匀，充氮气使系统成正压，取下反应瓶，用注射器向反应瓶内先缓慢注入少量 n-C$_4$H$_9$Li，时时摇动，以消除体系中注入的少量残余杂质，直至略微出现微橘黄色为止，接着加入 1.6mol n-C$_4$H$_9$Li，聚苯乙烯相对分子质量预计 15 000 左右。此时溶液立即出现红色，在 50℃ 油浴中加热 30min，红色不褪，为活性聚苯乙烯。

另取一个 250mL 盐水瓶，配上单孔橡皮塞和短玻管，并套上一段乳胶管，照上法抽真空通氮气，以除去瓶中空气。然后加入 100mL 环己烷，再通入丁二烯（纯度 99%），用止血钳夹住，取下反应瓶。用注射器缓慢注入少量 n-C$_4$H$_9$Li 以消除残余杂质，体系呈微黄色，将丁二烯溶液加入活性聚苯乙烯溶液中，开动电子磁力搅拌器，在 50℃ 油浴中继续加热 2h。

聚合完毕后，用注射器注入 SiCl$_4$-环己烷溶液作为偶合剂，SiCl$_4$ 浓度为 0.5mol·L^{-1}。分两次加入：第 1 次加 2.5mL，用力摇匀，在 50℃ 油浴中加热 30min；第 2 次加 1mL，再加热 30min。

冷却，称取 0.5g 抗氧剂 264（2，6-二叔丁基 4-甲基苯酚），溶于少量环己烷中。加入 500mL 反应瓶内，摇匀。将黏稠物倾倒入盛有 2L 水的 3L 三口烧瓶中，接上蒸馏装置，在搅拌下加热，环己烷及水一并蒸出，待环己烷几乎蒸完、产物呈半固体时，停止蒸馏。趁热取出产物并剪碎，用蒸馏水漂洗一次，吸干水分，放在 50℃ 烘箱内烘干，即为 SBS 三段共聚物，为热塑性弹性体。环己烷和水的蒸馏液用分液漏斗分出水层，上层环己烷经干燥、蒸馏后可重新使用。计算产量和测定 GPC，观察 GPC 峰的形状。产品进行加工成型和机械性能测定。

加工成型，称取 50g 干燥的 SBS，在炼胶薄通机上轧炼 3～5min，薄通 10 次左右。一般炼胶温度为 70～100℃，使物料轧炼均匀，然后将两辊放宽到所需要的厚度出片，再放在模具内在 100℃左右进行压模，冷却出模。

六、注意事项

（1）反应瓶及全部反应系统须绝对干燥，并保持无水无氧。

（2）如用高纯氮气必须再经过除氧。

（3）加入丁二烯后注意反应变化，在 50℃水浴中发现反应有些发热或略变黏时，应立即取出放在室温中冷却，勿使反应过于剧烈，以致冲破橡皮管冲出。反应剧烈时，切勿把反应瓶放在冷水中冷却，以免反应瓶因骤冷碎裂、爆炸。夏天室温较高时，则加丁二烯后不必放在 50℃水浴中，放在室温中时时摇动，待反应高潮过后，再放入 50℃水浴中加热。

（4）在使用丁二烯时室内禁止明火。

（5）反应时注意安全防护。

七、思考题

（1）比较设计相对分子质量与 GPC 测定相对分子质量的差别，分析原因及影响因素。

（2）怎么控制所合成的 SBS 中两嵌段 SB 的含量在 5%以内？

第 5 章　开环型聚合实验

　　1863 年，孚兹最早研究开环聚合，他将环氧乙烷和水在封管中加热，得到乙二醇和聚乙二醇。1929 年，施陶丁格对环氧乙烷在各种催化剂存在下的聚合进行了系统研究。1935 年，卡罗瑟斯通过双官能化合物的缩合反应合成了各种结构和不同大小的环状化合物，并对其开环聚合的可能性进行了探讨。但是开环聚合作为独立的聚合化学反应类型，则是在 50 年代以后逐步发展形成的。开环聚合是指环状化合物单体经过开环加成转变为线形聚合物的反应。

　　环状单体的开环聚合是除了链式聚合与逐步聚合以外的又一个重要的聚合反应类型。开环聚合兼有链式聚合与逐步聚合的某些特性。例如，开环聚合过程通常包含链引发、链增长和链终止几个阶段，而且分子链的生长是由单体分子或活化了的单体分子一个一个地加到生长着的分子链末端的。这种情形与链式反应十分类似，但是，开环聚合中相对分子质量的增长又往往是逐步的。相对分子质量随转化率或单体反应程度的提高而增大，这又很类似于逐步聚合。此外，开环聚合中有双键向单键的转变，因此除了少数几个大张力环单体外，环状单体的开环聚合热效应比较小。开环聚合产物在结构上与缩聚高分子很一致，但聚合过程中却没有低分子副产物生成。

1. 单体种类

　　已知环烷烃的聚合能力较低，但是当其中的碳原子被其他杂原子如氧、氮、硫等取代后，则这些杂环化合物的聚合能力变大，它们在适当的催化剂作用下可以形成高分子化合物。杂环单体的杂原子可以有一个或多个，X 也可以是杂原子和羰基相结合的基团。不同的环状单体有环醚单体、环亚胺、环缩醛、内酯和内酰胺、环状偕亚氨醚、含磷环状单体、含硅环状单体等。

2. 聚合活性

　　环状单体能否开环聚合及其聚合能力的大小取决于热力学及动力学因素，从热力学角度来看，取决于过程的自由能变化 ΔG，它与焓变 ΔH 及熵变 ΔS 有关，而 ΔH 的大小与环的张力相关。环的张力主要来源于两个方面：①键角变形引起的键角张力；②非键合原子之间的相互作用力（又称构象张力）。环状化合物的张力以热力学能形式储存在环内。开环聚合时，张力消除或降低，热力学能减少，释放出聚合热，ΔH 为负值。因此，环的张力越大，ΔG 越趋向于负值，聚合的可能性越大。三、四环的键角偏离正常键角很大，如环丙烷较正四面体的键角

（108°28′）少 24°44′，所以环张力大而不稳定。五元环的键角为 108°，与正四面
体碳原子键角相近，故角张力很小，但是因邻近氢原子的相斥性引起一定的扭转
应力而带有一些构象张力。六环形成稳定的椅式结构使得键角变形趋向于零。开
环聚合的可能性随单体环的大小而异，其次序为三元环＞四元环＞五元环＞六元
环。五、六元环较稳定，七元环以上的聚合可能性又加大。含有杂原子的环状单
体极性较大，易进行离子型聚合，而以正离子聚合的单体最多，如环醚、环硫醚、
环亚胺、环二硫化物、环缩甲醛、内酯、内酰胺、环亚胺醚等。用负离子引发的
开环聚合的单体则有环醚、内酯、内酰胺、环氨基甲酸酯、环脲、环硅氧烷等。

3. 聚合类型

按单体不同，可进行正离子、负离子、配位等聚合。绝大多数开环聚合是离
子聚合，但不是所有的单体都可以发生以上三种聚合。其中能发生正离子聚合的
比负离子聚合的多。

实验 24　己内酰胺的阴离子开环聚合

一、实验目的

（1）熟悉开环聚合反应的原理和特点。
（2）掌握阴离子开环聚合制尼龙-6 的方法。

二、预习要求及操作要点

（1）了解开环聚合的原理及实验技术。
（2）操作中注意反应温度的变化并对其进行控制。

三、实验原理

在强碱存在下环酰胺可形成阴离子，碱使环酰胺很快聚合，可生成相对分子
质量 100 000 以上的聚合物。这种阴离子开环聚合，由于聚合速率快，又称快速
聚合，此法已用于浇铸尼龙的生产。

环酰胺阴离子聚合的引发剂有碱金属、碱金属的氢化物、碱金属的氢氧化物、
碱金属的胺化物及有机金属化合物等，可以使环酰胺形成环酰胺阴离子。为了提
高聚酰胺的阴离子聚合速率，除加入引发剂外，还要加入一些活化剂，如酰氯、
异氰酸酯等。活化剂不仅决定第一个酰胺分子加入的速率，同时影响整个聚合过
程。由于活化剂残基结合到聚合物链的末端，影响聚合过程中的碱度，从而降低
环酰胺阴离子的浓度，使聚合速率降低。活性较强的环酰胺如己内酰胺，用碱和

活化剂酰氯的引发体系进行阴离子开环聚合，不但无诱导剂，还可以加快反应速率，使之在较低温度下进行聚合。

　　己内酰胺与碱反应生成己内酰胺阴离子，己内酰胺又与异氰酸酯生成己内酰胺异氰酸酯，随后己内酰胺阴离子进攻己内酰胺异氰酸酯，并发生开环反应，生成另一个活性阴离子——己内酰胺与活性阴离子反应生成活性己内酰胺异氰酸酯，以实现链增长，接着又被己内酰胺阴离子进攻而开环，这样不断循环，最终得到所需相对分子质量的聚合物。在己内酰胺与碱反应生成己内酰胺阴离子的同时有水生成，必须脱除这部分水，否则聚合反应难以进行。由己内酰胺转化为尼龙-6 的反应是放热反应，聚合热焓约为 $125kJ\cdot kg^{-1}$。

　　己内酰胺与酰氯等活化剂反应很快地形成 N-酰化己内酰胺：

$$（5\text{-}1）$$

此种 N-酰化己内酰胺加入反应体系中，开始下列反应：

（1）链引发：

$$（5\text{-}2）$$

$$（5\text{-}3）$$

（2）链增长：

$$（5\text{-}4）$$

四、实验仪器及试剂

仪器：三口烧瓶，搅拌器，球形冷凝管，通氮体系，烧杯，温度计。
试剂：己内酰胺，金属钠，二甲苯。

五、实验步骤

在一个 150mL 三口烧瓶上一口接玻璃套管，另一口塞上橡皮塞，反复抽真空、充氮气三次以除去烧瓶中的空气。在氮气流下加入 15g 己内酰胺，加热到 110℃，使其熔融，然后向熔融的己内酰胺中加入分散在二甲苯中的金属钠（0.1g 金属分散在 5mL 二甲苯中形成细粒）。将玻璃毛细管直插瓶底，缓慢通入氮气，另一口改接干燥管，并将烧瓶温度加热至 255～265℃。聚合反应即自行开始，约在 5min 内完成，聚合过程可通过氮气泡经黏稠溶液的上升速率来进行观察（图 5-1）。把聚酰胺熔体迅速倒入烧杯中冷却。如果聚合物在反应温度下保持时间过长，则链降解会比较明显。

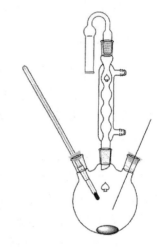

图 5-1　己内酰胺阴离子聚合
装置

六、注意事项

（1）己内酰胺使用时注意安全防护。
（2）尽量除去反应体系中的水分是实验成败的关键。
（3）氮气通入速度不宜太快。

七、思考题

（1）比较己内酰胺开环聚合的两种方式有什么不同。
（2）根据己内酰胺阴离子聚合的特点提出新的实验方案，以便能在较低的温度下进行聚合。

实验 25　己内酰胺的水解开环聚合

一、实验目的

（1）熟悉开环聚合反应的原理和特点。
（2）掌握水溶液开环聚合制尼龙-6 的方法。

二、预习要求及操作要点

（1）了解开环聚合的原理及实验技术。

（2）操作中注意反应温度的变化并对其进行控制。

三、实验原理

己内酰胺是 ε-氨基己酸[$H_2N(CH_2)_5COOH$]分子内缩水而成的内酰胺，又称 ε-己内酰胺，是一种重要的有机化工原料，是生产尼龙-6 和尼龙-6 工程塑料的单体，可生产尼龙塑料、纤维及 L-赖氨酸等下游产品。它常温下为白色晶体或结晶性粉末。

对于环酰胺单体，开环聚合研究最多的是己内酰胺。己内酰胺分子的酰胺键为顺式构型，两分子之间形成氢键，因而在无水存在下不能发生聚合反应。当有 0.1%～10%的水或可生成水的物质（如醇酸）存在下可进行开环聚合，这种聚合过程称为水解聚合。水解聚合是在 250～270℃下，采用间歇或连续操作，经 12～24h，可制得聚合物。其聚合反应简式可表示为

$$n\left[\begin{array}{c}(CH_2)_5 \\ | \\ C—N \\ \| \quad | \\ O \quad H\end{array}\right] + H_2O \longrightarrow HO\left[\begin{array}{c}O \\ \| \\ C—(CH_2)_5—N \\ | \\ H\end{array}\right]_n H \qquad (5\text{-}5)$$

实际上此过程非常复杂，包括开环、缩聚、加聚、交换、裂解等不同反应和互相作用，最后达到水、单体、环状低聚物及线形链式分子各组分与聚合体之间一个总的平衡体系。因为己内酰胺为七元环，在聚合过程中，聚合成链式分子或缩合成环状分子都有可能发生，仅是概率不同。反应条件不同，就会影响在反应平衡时各组分的比例和反应速率。环状化合物聚合物自由能 $\Delta G=G_2-G_1<0$，反应才能进行，由于己内酰胺开环聚合生成聚己内酰胺时，仅仅是分子内的酰胺键变成分子间的酰胺键（无新键产生），ΔG 变化很小，故此反应为可逆平衡反应（产物中包含单体、低聚体）。聚合开始时主要为己内酰胺单体的水解开环，是吸热反应，高温有利于开环，而聚合后期的主要反应是放热的缩聚反应，因而低温有利于平衡。因此，己内酰胺水解聚合反应宜采用程序控温方法，即开始时采用较高温度，接近平衡时采用较低温度，这样既有利于提高反应速率和转化率，缩短聚合反应时间，也有利于降低环状二聚体的浓度，提高平衡聚合度，满足用户要求。这与尼龙-6 实际工业生产的控温方法（先高温后低温）完全一致。

　　环酰胺开环聚合尽管较为复杂，但主要由三种平衡反应组成，即开环、缩合和加成。己内酰胺首先水解开环成 ε-氨基己酸，此水解速率与水的浓度和水解条件有关。继而 ε-氨基酸自身缩合，此反应所占比例较小，主要是加成反应，即己内酰胺加成到线形分子链的末端，进而是线形分子之间的缩合反应，此反应消耗端基且放出水，在线形分子达到一定聚合度时，主要是酰胺基间的交换反应而改变聚合物的相对分子质量分布。由于聚合过程和最后产物的性质均受此三个平衡反应的影响，而调节一定的聚合度是保证产品性能的重要方法。一般采用保持聚合体系中一定的水的浓度或加入带有羧基或氨基的化合物，以改变聚合体系的官能团比例来达到调节相对分子质量的目的。

　　水解聚合开始可以看成是无催化反应过程。其引发增长反应可用下式表示：

$$n\begin{bmatrix} (CH_2)_5 \\ | \quad | \\ C \text{—} N \\ \| \quad | \\ O \quad H \end{bmatrix} + nH_2O \rightleftharpoons nH_2N(CH_2)_5COOH \tag{5-6}$$

再通过氨基酸自身的逐步聚合或通过氨基酸中的氮原子对环酰胺羰基的亲核进攻而开环聚合：

$$nH_2N(CH_2)_5COOH \rightleftharpoons HO\begin{bmatrix} O \quad\quad\quad H \\ \| \quad\quad\quad | \\ C\text{—}(CH_2)_5\text{—}N \end{bmatrix}_n H + (n-1)H_2O \tag{5-7}$$

$$H_2N(CH_2)_5COOH + \begin{bmatrix} (CH_2)_5 \\ | \quad | \\ C\text{—}N \\ \| \quad | \\ O \quad H \end{bmatrix} \rightarrow HO\begin{bmatrix} O \quad\quad\quad H \\ \| \quad\quad\quad | \\ C\text{—}(CH_2)_5\text{—}N \end{bmatrix}_2 H \tag{5-8}$$

　　以同样的方式可以进行链增长。一旦生成 ε-氨基己酸后，就可以看成自动催化过程，聚合反应则是酸催化机理，增长反应就可以认为是环酰胺被质子化形成质子化的环酰胺：

$$\begin{bmatrix} (CH_2)_5 \\ | \quad | \\ C\text{—}N \\ \| \quad | \\ O \quad H \end{bmatrix} \xrightarrow{H^+} \begin{bmatrix} (CH_2)_5 \\ | \quad\quad | \\ C\text{—}\overset{\oplus}{N}H_2 \\ \| \\ O \end{bmatrix} \tag{5-9}$$

　　链增长末端氨基对质子化的环酰胺进行亲核进攻而形成铵离子（类似于阳离子聚合作用而进行链增长）：

$$\text{\textasciitilde\textasciitilde NH}_2 + \begin{array}{c} (CH)_5 \\ | \\ C-NH_2 \\ \| \\ O \end{array}^{\oplus} \rightleftharpoons \text{\textasciitilde\textasciitilde} \overset{H}{\underset{|}{N}}-\overset{O}{\overset{\|}{C}}-(CH_2)_5-\overset{\oplus}{NH}_3 \quad (5\text{-}10)$$

$$\text{\textasciitilde\textasciitilde} \overset{H}{\underset{|}{N}}-\overset{O}{\overset{\|}{C}}-(CH_2)_5-\overset{\oplus}{NH}_3 + \begin{array}{c} (CH_2)_5 \\ | \quad | \\ C-N \\ \| \quad | \\ O \quad H \end{array} \longrightarrow$$

$$\begin{array}{c} (CH_2)_5 \\ | \\ C-NH_2 \\ \| \\ O \end{array}^{\oplus} + \text{\textasciitilde\textasciitilde} \overset{H}{\underset{|}{N}}-\overset{O}{\overset{\|}{C}}-(CH_2)_5NH_2 \quad (5\text{-}11)$$

四、实验仪器及试剂

仪器：四口烧瓶，搅拌器，球形冷凝管，通氮体系，烧杯，温度计，Y 形管。

试剂：己内酰胺，ε-氨基己酸。

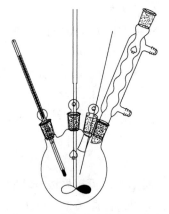

图 5-2　己内酰胺水解开环聚合装置

五、实验步骤

反应装置如图 5-2 所示，在 150mL 四口烧瓶上装配搅拌器、温度计、导气管和球形冷凝管，反复抽真空、充氮气三次以除去四口烧瓶中的空气。在通氮气的条件下，往四口烧瓶中加入 90g（约为 0.8mol）己内酰胺（环己烷重结晶两次，并于室温下经 P_2O_5 真空干燥 48h）和 10g（约为 0.076mol）ε-氨基己酸，用砂浴或高温油浴加热。混合物溶化后，用温度计测量熔融体系的内部温度，在 140℃时开始搅拌，缓慢升温至 250℃后反应 5h，生成无色的高黏度熔融物。趁聚合物尚处于熔融状态，迅速将产物倒入烧杯中冷却。所得聚己内酰胺的熔点为 216℃。聚合物中仍含有己内酰胺单体和低聚物，可用热水或甲醇溶解抽滤，在间苯酚或浓硫酸中测定特性黏度。

聚合物在试管中熔融，用玻璃棒蘸取少量聚合物，然后慢慢拉出，但是这样得到的丝是不均匀的。

六、注意事项

（1）己内酰胺使用时注意安全防护。

（2）注意反应过程中温度的变化并对其进行控制。

（3）随着反应的发生，溶液黏度增加，搅拌速率也要加大。

七、思考题

（1）本实验为水溶液聚合，为什么实验中没有加入水?

（2）反应中加入 ε-氨基己酸的作用是什么?

第6章　逐步反应型聚合实验

逐步聚合反应是合成高分子材料的重要方法之一，如涤纶、尼龙、聚氨酯和酚醛树脂等常规高分子材料和聚碳酸酯、聚砜、聚苯醚和聚酰亚胺等高性能高分子材料均是通过逐步聚合反应制备的。

逐步聚合是通过官能团之间的化学反应而进行的，经过多次这样的反应才能得到高相对分子质量的聚合物。逐步聚合的相对分子质量随转化率升高而逐步增大，在高转化率下才能生成高相对分子质量的聚合物。按反应类型逐步聚合可分为缩聚反应、逐步加聚反应（如聚氨酯的合成）和氧化偶联聚合（聚苯醚）等，按聚合物链结构分为线形逐步聚合、支化与交联聚合。逐步聚合反应可采用溶液缩聚、熔融缩聚、界面缩聚和固相缩聚等方法。

对于缩聚反应而言，相对分子质量的控制比聚合速率的控制更为重要。线形缩聚反应的相对分子质量是由反应程度、官能团物质的量比和聚合平衡三者共同确定的。逐步聚合反应通常是由单体所带的两种不同的官能团之间发生化学反应而进行的，如羟基和羧基之间的反应。两种官能团可在不同的单体上，也可在同一单体内。

从加工角度，通常把聚合物分成热塑性和热固性两类，而热固性聚合物可分为无规交联热固性聚合物（如酚醛树脂和脲醛树脂）和结构可控热固性聚合物（如环氧树脂）。

6.1　熔　融　聚　合

熔融聚合是一种单体的聚合方式，是常用的聚合方法，是指在聚合反应过程中原料单体和生成的聚合物均处于熔融状态下。其特点是熔融聚合是放热反应，聚合产物的相对分子质量和产量逐步增长，到达聚合反应终点的时间很长，为避免物料经受长时间高温氧化，整个聚合反应过程都需要在减压和氮气保护下进行。为加快缩聚反应速率，需要逐步提高真空度，将小分子副产物脱除净，使反应平衡向聚合产物方向进行。当聚合反应结束，需要将产物在熔融状态下从聚合反应器底部流出，经造粒或稀释成产品。例如，聚酯、聚酰胺、不饱和聚酯等生产都是采用熔融聚合的方法。

熔融聚合是指聚合体系中只加单体和少量催化剂，不加任何溶剂，聚合过程中原料单体和生成的聚合物始终处于熔融状态下而进行的聚合反应。从聚合体系的组合来看，与自由基聚合的本体聚合相似，熔融聚合主要应用于平衡缩聚反应，如聚酯、聚酰胺和不饱和聚酯等的合成。

熔融聚合的操作比较简单，把单体混合物、催化剂、相对分子质量调节剂和稳定剂等投入反应器内，然后加热使物料在熔融状态下进行反应，温度随着聚合反应的进行而逐步升高，保持聚合物反应温度始终比反应物的熔点高 10～20℃。为防止反应物在高温下发生氧化副反应，聚合反应需在惰性气体（如氮气）保护下进行，同时为更彻底地除去小分子副产物，反应需在高真空条件下进行。

在熔融聚合反应过程中，随着反应的进行，反应程度的提高，反应体系的理化特性会发生显著变化，与之相适应地工艺上一般可分为以下三个阶段：

（1）初期阶段。该阶段的反应主要以单体之间、单体与低聚物之间的反应为主。由于体系黏度较低，单体浓度大，逆反应速率小，对反应中生成的小分子副产物的除去程度要求不高，因而可在较低温度、较低真空度下进行，该阶段应注意的主要问题是防止单体挥发、分解等，保证官能团等物质的量比。

（2）中期阶段。该阶段的反应主要以低聚物之间的反应为主，伴随着降解、交换等副反应。该阶段的任务在于除去小分子副产物，提高反应程度，从而提高聚合产物的相对分子质量。由于该阶段的反应物主要为低聚物，要使之保持熔融状态，同时使低分子副产物易于除去，必须采用高温、高真空。

（3）终止阶段。当聚合反应条件已达预期指标，或在设定的工艺条件下，由于体系物理化学性质等原因，小分子副产物的移除程度已达极限，无法进一步提高反应程度，因此需及时终止反应，避免副反应，节能省时。由于采用的熔融聚合反应器专利技术有别，开发出如 Lurgi Zimmer 圆盘式反应器、Hitachi 串联四台反应器、ESPREE 塔式反应器等技术。

熔融聚合的优点是体系组成简单，产物后处理容易，可连续生产。缺点是必须严格控制单体功能基等物质的量比，对原料纯度要求高，且需高真空，对设备要求高，反应温度高，易发生副反应。

实验 26　聚己二酸乙二醇酯的制备

一、实验目的

（1）通过改变聚己二酸乙二醇酯制备的反应条件，了解其对反应程度的影响。

（2）分析副产物的析出情况，进一步了解聚酯类型缩聚反应的特点。

二、预习要求及操作要点

（1）通过改变聚己二酸乙二醇酯制备的反应条件，了解平衡常数较小的单体聚合的实施方法。

（2）掌握聚合物平均相对分子质量的影响因素及提高平均相对分子质量的方法。

三、实验原理

线形缩聚反应的特点是单体的双官能团间相互反应，同时析出小分子副产物，在反应初期，由于参加反应的官能团数目较多，反应速率较快，转化率较高，单体间相互形成二聚体、三聚体，最终生成高聚物。下面是线形缩聚反应的通式：

$$aAa+bBb \rightleftharpoons aABb+ab \qquad (6\text{-}1)$$

$$aABa+aAa \rightleftharpoons aABAa+aa \qquad (6\text{-}2)$$

$$bABb+bBb \rightleftharpoons bBABb+bb \qquad (6\text{-}3)$$

$$a(AB)mb+a(AB)nb \rightleftharpoons a(AB)_2m+nb+ab \qquad (6\text{-}4)$$

整个线形缩聚反应是可逆平衡反应，缩聚物的相对分子质量必然受到平衡常数的影响。利用官能团等活性的假设，可近似地用一个平衡常数来表示其反应的平衡特征。聚酯反应就是平衡常数较小（$K=4\sim10$）的反应之一。影响聚酯反应程度和平均聚合度的因素，除单体结构外，还有反应条件，如配料比、催化剂、反应温度、反应时间、去水程度。

配料比对反应程度和聚酯的相对分子质量大小的影响很大，体系中任何一种单体过量，都会降低聚合程度。采用催化剂可以大大加快反应速率。升高反应温度可以提高反应速率，缩短反应到达平衡所需的时间，并且有利于反应中生成的小分子的去除，使反应向生成聚酯的方向进行，但反应温度的选择需要考虑单体的沸点、热稳定性。降低系统压力有利于反应中生成的小分子的去除，使反应向生成聚酯的方向进行，但压力高低的确定需要考虑压力对原料配比的影响。反应中低分子副产物将进行逆反应，阻碍高分子产物的形成，因此去除副产物越彻底，反应进行的程度越大。为了去除水分，可采取升高反应温度、降低系统压力、提高搅拌速率和通入惰性气体等方法，本实验中采用了前三种方法。另外，反应达平衡前，延长反应时间也可提高反应程度和相对分子质量。

在配料比严格控制在 $1:1$ 时，产物的数均聚合度 DP_n 与反应程度（P）具有关系：$\mathrm{DP}_n=1/(1-P)$，要求 $\mathrm{DP}_n=100$，则需使 $P=99\%$，因此，要获得较高相对分子质量的产品，就要有较高的反应程度。反应程度可通过析出副产物的量计算，$P=n/n_0$，其中 n 为收集到的副产物的量，n_0 为反应理论产生副产物的量。

本实验由于实验设备、反应条件和时间的限制，不能获得较高相对分子质量的产物，只能通过反应条件的改变，了解缩聚反应的特点及影响反应的各种因素。

聚酯反应体系中，有羧基官能团存在，因此通过测定反应过程中酸值的变化，可了解反应进行的程度（或是否达到平衡）。其化学反应方程式如下

$$n\text{HO(CH}_2)_6\text{OH} + n\text{HOC(CH}_2)_4\text{COOH} \longrightarrow \text{—[O(CH}_2)_6\text{OOC(CH}_2)_4\text{CO]}_n\text{—} + 2n\text{H}_2\text{O}$$

四、实验仪器及试剂

仪器：三口烧瓶（250mL），搅拌器，分水器，温度计，球形冷凝管，量筒（100mL，250mL），培养皿。

试剂：己二酸，乙二醇，对甲苯磺酸，十氢萘。

五、实验步骤

（1）安装好实验装置，为保证搅拌速率均匀，铁套装置安装要规范。

（2）向三口烧瓶中按配方顺序加入己二酸、乙二醇和对甲苯磺酸，充分搅拌后，取约 0.5g 样品（第一个样）用分析天平准确称量，加入 250mL 锥形瓶中，再加入 15mL 乙醇-甲苯（比例为 1∶1）混合溶剂，样品溶解后，以酚酞作指示剂，用 0.1mol·L^{-1} KOH 水溶液滴定至终点，记录所耗碱液的体积，计算酸值。

（3）用电炉开始加热，当物料熔融后在 15min 内升温至 160±2℃ 反应 1h。在此段共取五个样测定酸值，在物料全部熔融时取第二个样，达到 160℃ 时取第三个样，此温度下反应 15min 后取第四个样，至 0.5h 时取第五个样，至 45min 时取第六个样。取第六个样后再反应 15min。

（4）然后于 15min 内将体系温度升至（200±2）℃，此时取第七个样，并在此温度下反应 0.5h 后取第八个样，继续再反应 0.5h。

（5）将反应装置改成减压系统，即再加上毛细管，并在其上和冷凝管上各接一支硅胶干燥管，继续保持温度为（200±2）℃，真空度为 100mmHg，反应 15min 后取第九个样，至此结束反应。

（6）在反应过程中从开始出水时，每析出 0.5~1mL 水，测定一次析水量，直至反应结束，应不少于 10 个水样。

（7）反应停止后，趁热将产物倒入回收盒内，冷却后为白色蜡状物。用 20mL 乙醇清洗，清洗液倒入回收瓶中。

六、注意事项

（1）要控制好体系真空度使其在蒸馏过程中保证稳定，避免因真空度变化而形成暴沸，将杂质夹带进入接收瓶中。

（2）实验产生的废液要统一回收。

（3）实验中要保证投料按等物质的量进行。

七、思考题

（1）本实验起始条件的选择原则是什么？说明采取实验步骤和装置的原因。

（2）根据实验结果画出累积分水量与反应时间的关系图，并讨论反应特点，讨论分水量与反应程度、聚合度的关系。

（3）如何保证投料配比按等物质的量进行？

实验 27　熔融缩聚制备尼龙-66

一、实验目的

（1）通过本实验掌握熔融缩聚的基本方法。

（2）通过本实验研究了解影响缩聚的因素。

二、预习要求及操作要点

（1）理解熔融缩聚的基本原理及实验技术。

（2）进一步了解逐步聚合反应相对分子质量的控制原理和方法。

三、实验原理

聚酰胺纤维俗称尼龙，英文名称为 polyamide（简称 PA），密度为 1.15g·cm^{-3}，它是分子主链上含有重复酰胺基团—[NHCO]—的热塑性树脂总称，包括脂肪族 PA、脂肪-芳香族 PA 和芳香族 PA。其中脂肪族 PA 品种多、产量大、应用广泛，其命名由合成单体具体的碳原子数而定，是由美国著名化学家卡罗瑟斯和他的科研小组发明的。聚酰胺可以由二元胺和二元酸通过缩聚反应制备，也可以通过氨基酸均聚而成，甚至通过酰胺开环聚合而得。聚酰胺具有优良的机械性能和物理性能，是合成纤维中最重要的品种之一，也是一类十分重要的工程塑料品种。目前世界各国产量最大的聚酰胺品种有尼龙-66 和尼龙-6，其次主要为尼龙-610、尼龙-11、尼龙-12、尼龙-612 等。

尼龙-66 的缩聚反应为逐步聚合反应，其反应式为

$$nNH_2(CH_2)_6NH_2 + nHOOC(CH_2)_4COOH \longrightarrow$$

$$H\text{—}[NH(CH_2)_6NHCO(CH_2)_4CO]_n\text{—}OH + (2n-1)H_2O \qquad (6\text{-}5)$$

该缩聚反应是一个可逆的逐步平衡反应。根据聚合体系的不同情况，不同的聚合反应程度和不同聚合物的相对分子质量，应有不同的反应控制方法。尼龙-66

的缩聚反应可采用以下方法来控制反应物的聚合度。

（1）对于等质量的单体官能团的反应体系，如欲提高产物聚合度，需使反应平衡向右移动，其方法是在反应中不断移除生成的水。

（2）若反应中一种官能团过量，而没有其他杂质存在，己二酸和己二胺分别为 m（mol）和 n（mol），在反应程度很大时，产物的理论数均聚合度为

$$\widetilde{DP}_n = \frac{n}{m-n} \tag{6-6}$$

（3）若为等物质的量比的己二酸和己二胺的反应，即 $m=n$，而且体系中除了单官能团物质外，没有其他杂质，当 $P \to 1$ 时：

$$\widetilde{DP}_n = \frac{n}{m'} \tag{6-7}$$

式中，m' 是体系中单官能团物质的物质的量，mol。

本实验研究是先用己二酸和己二胺合成尼龙-66 盐后，再用尼龙-66 盐进行聚合。

四、实验仪器及试剂

仪器：集热式磁力搅拌器，试管，调温电加热套，恒压滴液漏斗，温度计，分析天平，氮气钢瓶。

试剂：己二胺，己二酸，无水乙醇，亚硝酸钠，硝酸钾。

五、实验步骤

1. 尼龙-66 盐的制备

将装有回流冷凝管、温度计和恒压滴液漏斗的 250mL 三口烧瓶固定在集热式磁力搅拌器上，加入磁力转子。将 5.8g 己二酸（0.04mol）和 4.8g 己二胺（0.042mol）分别溶于 30mL 95%乙醇中，在搅拌条件下，将两溶液混合，混合过程中溶液温度升高，并有晶体析出。继续搅拌 20min，控制反应终点 pH 在 6.7～7，充分冷却后过滤，并用乙醇洗涤 2～3 次，自然晾干或在 60℃真空干燥得到尼龙-66 盐。

2. 尼龙-66 的熔融聚合

取一支带侧管的 20mm×150mm 试管作为缩聚管，加 3g 尼龙-66 盐，用玻璃棒尽量压至试管底部，缩聚管侧口作为氮气出口，连一根橡胶管通入水中。通入氮气 5min，排出管内空气，将缩聚管架入 200～210℃熔盐浴。熔盐浴制备方法如下：取一个 250mL 干净烧杯，检查无裂纹。加入 130g 硝酸钾和 130g 亚硝酸钠，搅匀后于 600W 电炉（垫石棉网）加热至所需温度。

试管架入熔盐浴后，尼龙-66 盐开始熔融，并看到有气泡上升。将氮气流尽量调小，约每秒一个气泡，在 200～210℃预缩聚 2h，这期间不要打开塞子。2h 后，将熔

盐温度逐渐升至 260~270℃，再缩聚 2h 后，打开塞子，用一根玻璃棒蘸取少量缩聚物，试验是否能拉丝。若能拉丝，表明相对分子质量已经很大，可以成纤。若不能拉丝，取出试管，待冷却后破碎它，得到白色至土黄色韧性固体，熔点为 265℃，可溶于甲酸、间甲苯酚。若性脆，一打即碎，表明缩聚进行得不好，相对分子质量很小。

六、注意事项

（1）熔盐浴温度很高，但由于不冒气，表现似乎不热，使用时务必小心，温度计一定要固定在铁架上，不可直接斜放在熔盐中。实验结束后，停止加热，戴上手套，趁热将熔盐倒入回收铁盘或旧的搪瓷盘。待冷却后，洗净烧杯。熔盐遇冷，结成白色硬块，性脆，碎后保存在干燥容器中，下次实验时再用。

（2）尼龙-66 盐缩聚时仍有少量己二胺升华，在接氮气出口管的水中加几滴酚酞，水将变红，表明确有少量胺带出，氮气维持一个无氧气的气氛，宜通慢不宜通快（开始赶体系中空气除外），通快了带出的己二胺量增加，相对分子质量更小。

（3）氮气的纯度在本实验中至关重要，不能用普通的纯氮气，必须用高纯氮气（氧含量小于 $5\mu L \cdot L^{-1}$），以己内酰胺开环聚合为例，若用普通氮气，体系变褐色，并得到高黏度产物，而用高纯氮气，体系始终无色，且能拉出长丝。

（4）如果没有高纯氮气，按下面方法可将普通氮气中的氧含量降至 $5\mu L \cdot L^{-1}$ 以下：将普通氮气通过 30%焦性没食子酸的氢氧化钠溶液（10%的水溶液）吸收氧气，再通过浓硫酸、氯化钙等干燥后，经过加热至 200~300℃的活性铜柱进一步吸氧，所得氮气可以满足本实验的要求。

（5）控制通入氮气的流速，通入气流的速度要使小分子副产物的分压维持在相当低的水平，这样才有显著的效果。

七、思考题

（1）本实验中尼龙-66 盐的制备为什么需要在乙醇溶液中进行？

（2）为什么在反应过程中要通入氮气?不通氮气反应有什么后果？

（3）为什么在尼龙-66 盐达到熔点熔融时会产生水分，而随着反应的不断进行反而看不到有水分产生？

（4）请分别描述三个反应物的黏度和外观状况有何不同，并分别解释其原因。

实验 28 不饱和聚酯玻璃钢的制备

一、实验目的和要求

（1）了解复合材料的基本结构。

（2）了解不饱和聚酯树脂的固化成形过程及制备复合材料的基本工艺。

二、预习要求及操作要点

（1）了解控制线形聚酯聚合反应程度的原理及方法。

（2）掌握制备不饱和聚酯和玻璃纤维增强塑料的实验技能。

三、实验原理

不饱和聚酯树脂一般是由不饱和二元酸二元醇或饱和二元酸不饱和二元醇缩聚而成的具有酯键和不饱和双键的线形高分子化合物。这类聚酯分子中除了含有酯基外，还含有双键，在引发剂存在下，能与烯类单体进行共聚反应，形成有交联结构的热固性树脂。不饱和聚酯树脂因具有质量轻、强度高、耐热性好、价格低廉等优点，被广泛应用于塑料、涂料、人造大理石等工业领域。

不饱和聚酯树脂一般可通过引发剂、光、高能辐射等引发不饱和聚酯中的双键与可聚合的乙烯类单体通常为苯乙烯进行游离基型共聚反应，使线形的聚酯分子链交联成不熔、难溶的具有三向网格结构的体形分子。固化所用的引发剂通常为有机过氧化物或其与引发促进剂组成的复合引发体系，固化可分为凝胶、定型和熟化三个阶段，在制备结构型复合材料时，首先应考虑三个因素：①增强纤维的强度及模量；②树脂基体的强度及化学稳定性；③应力在界面传递时树脂与纤维间的黏结效能。常用的不饱和酸是顺丁烯二酸酐，这是工业上易得的原料；常用的二元醇有乙二醇、丙二醇和一缩乙二醇等；常用的饱和酸有壬二酸、己二酸和邻苯二甲酸酐等。这些饱和酸不仅可以调节线形聚酯链中的双键密度，还能增加聚酯和交联剂的相容性。常用的交联剂有苯乙烯、甲基丙烯酸甲酯及邻苯二甲酸二烯丙酯等。交联点之间交联剂的聚合度取决于不饱和聚酯中的双键密度（与烯类单体的竞聚率及投料比有关）。若聚酯中的双键密度大，则交联点之间交联剂的聚合度小，交联密度大，聚酯树脂的弹性低，耐热性好。

玻璃纤维是一种性能优异的无机非金属材料，种类繁多，优点是绝缘性好、耐热性强、抗腐蚀性好、机械强度高，缺点是性脆、耐磨性较差。它是以玻璃球或废旧玻璃为原料经高温熔制、拉丝、络纱、织布等工艺制造而成的。一般不饱和聚酯用玻璃纤维作填料，因此又称玻璃纤维增强塑料为玻璃钢。玻璃钢是不饱和聚酯在过氧化物存在下，未交联前涂敷在经过预处理的玻璃布上，在适当温度下低压接触成型固化得到的。它可以用来制造飞机上的大型部件、船体、火车车厢、建筑上的透明瓦楞板、化工设备和管道等。它具有拉伸强度高、密度小、电和热的绝缘性优良等特点。

制备玻璃纤维增强塑料的实验分两步进行。第一步是由顺丁烯二酸酐、邻苯二甲酸酐和微过量的乙二醇通过加热熔融缩聚，制得线形不饱和聚酯。其反应式如下：

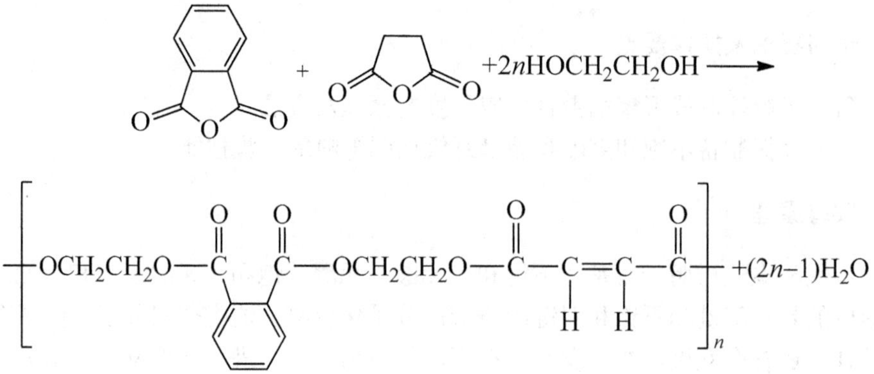

$$(6\text{-}8)$$

在反应过程中，经常通过测定体系的酸值，或以脱水量来控制聚合度。当酸值降到 50 左右时，可以得到低黏度的液体聚酯。将聚酯和含有阻聚剂的苯乙烯混合制成不饱和聚酯树脂，储备待用。苯乙烯既是稀释剂，又是交联剂。

第二步是由线形不饱和树脂交联固化成型制成玻璃纤维增强塑料。其结构式如下：

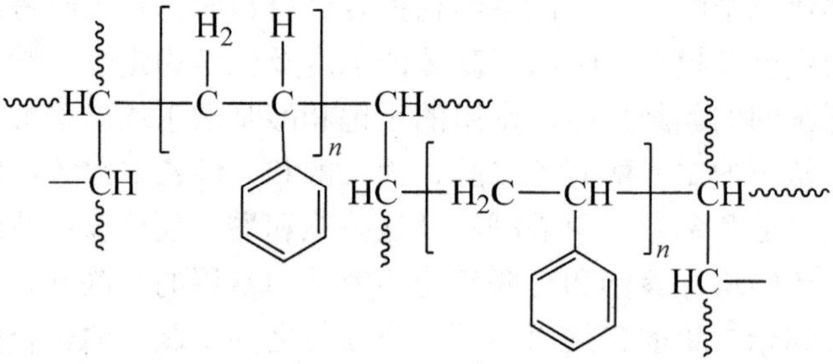

四、实验仪器及试剂

仪器：滴管，机械搅拌器，硅油浴（或电热套），四口烧瓶，分馏柱（长 10cm），温度计，直形冷凝管，接引管，接收瓶，U 形管，碱式滴定管，锥形瓶，平板玻璃（14cm×12cm），玻璃布。

试剂：顺丁烯二酸酐，邻苯二甲酸酐，乙二醇，苯乙烯，对苯二酚、过氧化二苯甲酰，邻苯二甲酸二丁酯，丙酮，酚酞-乙醇溶液，氢氧化钾-乙醇溶液（0.2mol·L^{-1}），盐酸溶液（0.2mol·L^{-1}）。

五、实验步骤

1. 线形不饱和聚酯的合成

称取 24.5g 顺丁烯二酸酐、37.0g（0.25mol）邻苯二甲酸酐和 34.1g（0.55mol）

乙二醇（所用原料都极易吸水，称量要迅速，以免影响原料配比），先加入 250mL 的四口烧瓶内。通干燥氮气（反应前期，通氮不可过快，否则会带出乙二醇，影响原料配比），加热，待反应物熔融后，开动机械搅拌器，待溶液温度升至 130℃ 后，减慢升温速率，约 1h 内逐步升温至 160℃。当玻璃壁上出现水珠时，酯化开始，保持在 160℃ 反应 15h，再升温至 190~200℃，此时通氮速率稍加快，保持在 200℃ 反应 15h。注意：反应初期在 140℃ 左右，由于反应放热，液温会自动上升，所以升温要减速，以免引起冲料。待单体逐步转变成低聚物之后，才能升温至 190℃ 左右。反应中期和后期也要控制好温度，高温有利于酯化反应，但过高的温度会产生副反应，影响树脂质量。取样测定酸值，每隔 30min 取样一次，直至酸值降到 50 左右时，停止加热。聚合反应 6h 左右，得到略带黄色的透明黏稠液体。

2. 不饱和聚酯-苯乙烯溶液的配制

称取 20g 苯乙烯放入 100mL 烧杯中，并加入 0.01g 对苯二酚，顺丁烯二酸酐不易自聚，但是当制成不饱和聚酯后与苯乙烯很容易共聚交联，所以配制不饱和聚酯-苯乙烯溶液时应加阻聚剂，连同烧杯称量（m_1）。然后将自行冷却至 90℃ 的聚酯倒入盛有苯乙烯的烧杯中，立即搅拌均匀，并连同烧杯称量（m_2），则聚酯净重 $m=m_2-m_1$。再按苯乙烯与聚酯质量比为 3:7 算出苯乙烯用量，除已加的 20g 之外按计量补加剩余的苯乙烯，搅拌均匀，冷却至室温，即得略带黄色的透明黏稠液体。

3. 玻璃纤维增强塑料的低压成型

将过氧化二苯甲酰、邻苯二甲酸二丁酯混合均匀，加入不饱和聚酯-苯乙烯溶液中，搅拌均匀，再用滴管加一小滴（约 0.01g）N,N-二甲基苯胺（促进剂），混合均匀即得树脂溶液，立即使用。在两块清洁的平板玻璃（14cm×12cm）上涂极少量硅油，将处理过的玻璃布（玻璃纤维增强塑料的优劣取决于树脂的性质、玻璃纤维的强度及树脂与玻璃纤维之间的黏结能力等，除去玻璃布表面的保护剂可增强玻璃纤维与树脂之间的黏结能力，本实验用水洗法，即将玻璃布浸入 20% 肥皂液中煮沸 20min，然后用水冲洗干净，烘干备用）铺在玻璃板上或玻璃纸上，然后涂一层上述配制的树脂溶液，使玻璃布浸润，用刷子或粗玻璃棒赶出树脂和玻璃之间的气泡。这样反复涂覆，直至需要的厚度（6~8 层），然后盖上玻璃纸，最后压上玻璃板，玻璃板四周用夹子夹紧，擦净边缘的树脂。将其在室温下平放，待初步固化后，再移入 80℃ 烘箱中进一步固化 2h，冷却至室温，脱模，即得玻璃纤维增强塑料。

六、注意事项

（1）玻璃布预处理的作用是去除其表面的水分和油脂，提高界面的黏结力。

（2）涂覆时，要用玻璃棒沿着一个方向缓慢均匀地涂覆，使涂层平整均匀，厚度适中。

（3）实验中用到的药品对人体均有一定的毒性，并且玻璃纤维易由皮肤钻入，因此操作过程中一定要戴上保护手套，倾倒吸取液体时小心谨慎，防止飞溅，操作过程中保持口鼻部远离药品，减少蒸气吸入。

七、思考题

（1）影响树脂固化程度的因素有哪些？

（2）如何设计配料才能制备出韧性好、柔性大的玻璃钢？

实验 29　热塑性聚氨酯弹性体的制备

一、实验目的

（1）通过聚氨酯弹性体的制备，了解逐步加聚反应的特点。

（2）掌握本体法和溶液法制备热塑性聚氨酯弹性体的方法。

二、预习要求及操作要点

（1）初步掌握$(AB)_n$型多嵌段聚合物的结构特点，用调节 A、B 嵌段比例的方法制备不同性能的弹性体。

（2）掌握羟值的测定方法。

三、实验原理

热塑性聚氨酯（thermoplastic polyurethane，TPU）是一种新型的有机高分子合成材料，属于化合物，英文商品名为 flexible polyurethane。TPU 弹性体经押出混炼而制成，由于弹性好、物性佳、各种机械强度都很好，因此广泛用于射出、押出、压延及溶解成溶液型树脂等加工方式，是塑胶加工业者经常使用的塑胶材料，其制成产品涵盖了工业应用和民用必需品的范围。近年来，由于新产品的不断开发，TPU 弹性体的用量正持续地增加，为塑胶加工业者开创低成本、高附加价值的产业新契机。TPU 因其优越的性能和环保概念日益受到人们的欢迎。目前，凡是使用 PVC 的地方，TPU 均能成为 PVC 的替代品。但 TPU 所具有的优点，PVC 则望尘莫及。硬度范围在 65A～85D，颜色有本色、透明、高透明。TPU 不仅具有卓越的高张力、高拉力、强韧和耐老化的特性，而且是一种成熟的环保材料。目前，TPU 已被广泛应用于鞋材、成衣、充气玩具、水上及水下运动器材、医疗器材、健身器材、汽车椅座材料、雨伞、皮箱、皮包等。

TPU 弹性体有聚酯型和聚醚型两类，为白色无规则球状或柱状颗粒，相对密度为 1.10～1.25，聚醚型相对密度比聚酯型小。聚醚型玻璃化转变温度为 100.6～106.1℃，聚酯型玻璃化转变温度为 108.9～122.8℃。聚醚型和聚酯型脆性温度低于–62℃，聚醚型耐低温性优于聚酯型。

TPU 弹性体突出的特点是耐磨性优异、耐臭氧性极好、硬度大、强度高、弹性好、耐低温，有良好的耐油、耐化学药品和耐环境性能，在潮湿环境中聚醚型水解稳定性远超过聚酯型。

凡主链上交替出现—NHCOO—基团的高分子化合物统称为聚氨酯。它的合成是以异氰酸酯和含活泼氢化合物的反应为基础的，如二异氰酸酯和二元醇反应，通过异氰酸酯和羟基之间进行反复加成，即生成聚氨酯。反应式如下：

$$n\text{OCN}—\text{R}—\text{NCO} + n\text{HO}—\text{R}—\text{OH} \longrightarrow$$

$$\text{HOR}\underset{n-1}{\overbrace{\left[\text{OCONH}—\text{R}—\text{NHOCOR}\right]}}\text{O}—\text{CONHRNCO} \qquad (6\text{-}9)$$

如果含活泼氢的化合物采用低相对分子质量（相对分子质量为 1000～2000）的两端以羟基结尾的聚醚、聚酯等，它们赋予聚合物链一定的柔性，当它们与过量的二异氰酸酯[如甲苯二异氰酸酯（TDI）、二苯基甲烷二异氰酸酯（MDI）等]反应，生成含游离异氰酸根的预聚体，然后加入与游离异氰酸根的等化学计量的扩链剂（如二元醇、二元胺等）进行扩链反应，则生成基本上呈线形结构的聚氨酯弹性体。在室温下，分子间存在的大量氢键，起着相当于硫化橡胶中交联点的作用，呈现出弹性体性能，升高温度，氢键减弱，它具有与热塑性塑料类似的加工性能，因而有热塑性弹性体之称。

可以预测，随着反应物化学结构、相对分子质量和相对比例的改变，可以制得各种不同的 TPU 弹性体。尽管如此，总可以把它们的分子结构看成是由柔性链段和刚性链段构成的(AB)$_n$型嵌段共聚物，"A"代表柔性的长链，如聚酯、聚醚等，"B"代表刚性的短链，由异氰酸酯和扩链剂组成。柔性链段使大分子易于旋转，聚合物的软化点和二级转变点下降，硬度和机械强度降低。刚性链段则会束缚大分子链的旋转，聚合物的软化点和二级转变点上升，硬度和机械强度提高，而 TPU 弹性体的性能就是由这两种性能不同的链段形成多嵌段共聚物的结果。因此，通过调节软、硬链段的比例可以制成不同性能的弹性体。

TPU 弹性体的制备一般有两种方法：一步法和预聚体法。一步法就是把两端以羟基结尾的聚酯或聚醚先与扩链剂充分混合，然后在一定反应条件下加入计算量的二异氰酸酯即可。预聚体法是先把聚酯或聚醚与二异氰酸酯反应生成以异氰酸根结尾的预聚物，然后根据异氰酸酯的量与等化学计量的扩链剂反应。TPU 弹性体的制备工艺又可分为本体法和溶液法两种。本实验分别采用本体法和溶液法来制备聚酯型聚氨酯弹性体和聚醚型聚氨酯弹性体。

四、实验仪器及试剂

仪器：四口烧瓶，搅拌器，油浴，氮气钢瓶，平板电炉。

试剂：己二酸，1,4-丁二醇，聚酯（两端为羟基，相对分子质量在 1000 左右），聚醚（两端为羟基，相对分子质量在 1000 左右），4,4-二苯基甲烷二异氰酸酯，甲基异丁基酮，二甲亚砜，二丁基月桂酸锡。

五、实验步骤

1. 溶液法

（1）预聚体的制备。在 250mL 四口烧瓶装上搅拌器、回流冷凝管、滴液漏斗和氮气入口管。用天平称取 10.0g（0.04mol）MDI 放入四口烧瓶中，加入 15mL 二甲亚砜和甲基异丁基酮的混合溶剂（两者体积比为 1:1），开动搅拌器，通入氮气，升温至 60℃，使 MDI 全部溶解。然后称取 20g（0.02mol）聚酯（根据聚酯的实际相对分子质量计算），溶于 15mL 混合溶液中，待溶解后从滴液漏斗慢慢加入反应瓶中。滴加完毕后，继续在 69℃反应 2h，得无色透明预聚体溶液。

（2）扩链反应。将 1.8g（0.02mol）1,4-丁二醇溶解在 5mL 混合溶剂中，从滴液漏斗慢慢加入上述预聚物溶液中。当黏度增加时，适当加快搅拌速率，待滴加完后在 60℃反应 1.5h。若黏度过大，可适当补加混合溶剂，搅拌均匀，然后将聚合物溶液倒入盛有蒸馏水的瓷盘中，产品呈白色固体析出。

（3）后处理。产物在水中浸泡过夜，用水洗涤 2~3 次，再用乙醇浸泡 1 天后用水洗涤，在红外灯下基本晾干后再放入 50℃的真空烘箱中充分干燥，即得聚酯型聚氨酯弹性体，计算产率。

2. 本体法

在装有温度计和搅拌器的 20.0mL 反应容器中（反应容器可用干燥而清洁的烧杯）加入 50.0g（0.05mol）聚醚、9.0g（0.10mol）1,4-丁二醇和反应物总量 1%的抗氧剂 1010，置于平板电炉上，开动搅拌器，加热至 120℃，用滴管滴加 2 滴二丁基月桂酸锡，然后在搅拌下将预热到 100℃的 375g（0.15mol）MDI 迅速加入反应器中，随着聚合物黏度增加，不断加剧搅拌，待反应温度不再上升（2~3min）除去搅拌器，将反应产物倒入涂有脱模剂的铝盘（铝盘预热至80℃），放入80℃的烘箱中24h以完成反应（弹性体Ⅰ）。

调节软、硬链段比例，用改变反应物物质的量配比的方法，按照聚醚：MDI：1,4-丁二醇（物质的量比）为1:2:1（弹性体Ⅱ）、1:4:3（弹性体Ⅲ），用上述同样方法制备弹性体。弹性体Ⅰ、Ⅱ、Ⅲ分别在不同温度用小型两辊机炼胶出片，然后在平板硫化压膜机压成1.5mm厚的薄片，在干燥器内放置一周后切成哑铃形试条。

六、数据处理

（1）计算溶液法制得的聚氨酯弹性体产率。

（2）在本体法中，将切成哑铃形的试条用电子拉力计分别测其应力-应变关系，用橡胶硬度计测其硬度，所得数据填入表6-1中。

表6-1 实验测量数据记录

编号	物质的量比	硬链段含量/%	硬度/A	断裂强度/MPa	断裂伸长率/%
弹性体Ⅰ	1:3:2				
弹性体Ⅱ	1:2:1				
弹性体Ⅲ	1:4:3				

（3）聚酯或聚醚羟值的测定（乙酐酰化法）。在250mL三口烧瓶中称取二羟基聚醚约200g，于120℃真空脱水1.5h，然后按下列方法测定羟值。

准确称取1.5~2g聚醚两份，分别置于250mL的酰化瓶内，用移液管分别移入10mL新配制的酰化试剂（8mL乙酸酐和33mL吡啶），放几粒沸石，接上磨口空气冷凝管，在平板电炉上加热回流20min，冷却至室温，依次用10mL吡啶、25mL蒸馏水冲洗冷凝管内壁和磨口，然后加入0.5mol·L^{-1} NaOH溶液50mL、酚酞指示剂3滴，用0.8mol·L^{-1} NaOH溶液滴定至终点，用同样操作做空白实验。羟值计算公式如下：

$$羟值 = \frac{(V_1 - V_2)N \times 40}{m} \tag{6-10}$$

式中，V_1为空白溶液消耗的NaOH溶液的体积，mL；V_2为试样溶液消耗的NaOH溶液的体积，mL；N为NaOH的物质的量浓度，mol·L^{-1}；m为样品质量，g；40为NaOH的相对分子质量。

$$聚酯或聚醚的相对分子质量 = \frac{40 \times 2}{羟值} \times 1000 \tag{6-11}$$

七、注意事项

（1）二丁基月桂酸锡有毒，使用需要小心，用毕由专人保管。

（2）聚合反应是放热反应，随着硬段含量增加反应加剧，操作时须戴上手套。

八、思考题

（1）为什么热塑性聚氨酯弹性体具有优异的性能？

（2）聚酯型聚氨酯弹性体与聚醚型聚氨酯弹性体产品的外观和特性有何区别？

6.2　溶　液　聚　合

溶液聚合是指将单体等反应物溶在溶剂中进行聚合反应的一种实施方法，其溶剂可以是单一的，也可以是几种溶剂的混合物。溶液聚合广泛应用于涂料、胶黏剂等的制备，特别适于合成相对分子质量高且难熔的耐热聚合物，如聚酰亚胺、聚苯醚、聚芳香酰胺等。溶液聚合可分为高温溶液聚合和低温溶液聚合。高温溶液聚合采用高沸点溶剂，多用于平衡逐步聚合反应。低温溶液聚合一般适于高活性单体，如二元酰氯、异氰酸酯与二元醇、二元胺等的反应。由于在低温下进行，逆反应不明显。

溶液聚合的关键之一是溶剂的选择，溶液聚合所用的溶剂主要是有机溶剂或水。应根据单体的溶解性质及所生产聚合物的溶液用途选择适当的溶剂。合适的聚合反应溶剂通常需具备以下特性：①溶剂对聚合活性的影响。溶剂往往并非绝对惰性，对引发剂有诱导分解作用，链自由基对溶剂有链转移反应。这两方面的作用都可能影响聚合速率和相对分子质量。在离子聚合中溶剂的影响更大，溶剂的极性对活性离子对的存在形式和活性、聚合速率、聚合度、相对分子质量及其分布，以及链微观结构都会有明显影响。②对单体和聚合物的溶解性好，以使聚合反应在均相条件下进行。③溶剂沸点应不低于设定的聚合反应温度。④有利于小分子副产物移除，如使用可与小分子副产物形成共沸物的溶剂，在溶剂回流时将小分子副产物带出反应体系；或者使用沸点高于小分子副产物的高沸点溶剂，便于将小分子副产物蒸馏除去；或者可在体系中加入可与小分子副产物反应而对聚合反应没有其他不利影响的化合物。

溶液逐步聚合反应的优点是：①反应温度低，副反应少；②传热性好，反应可平稳进行；③无需高真空，反应设备较简单；④可合成热稳定性低的产品。缺点是：①反应影响因素增多，工艺复杂；②若需除去溶剂时，后处理复杂，必须考虑溶剂回收、聚合物的分离及残留溶剂对聚合物性能、使用等的不良影响。

实验 30　线形酚醛树脂的制备

一、实验目的

（1）了解反应物的配比和反应条件对酚醛树脂结构的影响，合成线形酚醛树脂。

（2）进一步掌握不同预聚体的交联方法。

二、预习要求及操作要点

（1）了解线形酚醛树脂的原理及实验技术。

（2）操作中注意反应温度的变化并对其进行控制。

三、实验原理

酚醛树脂是一种合成塑料，无色或黄褐色透明固体，因电气设备使用较多，故俗称电木。耐热性、耐燃性、耐水性和绝缘性优良，耐酸性较好，耐碱性差，机械和电气性能良好，易于切割，分为热固性塑料和热塑性塑料两类。合成时加入不同组分，可获得功能各异的改性酚醛树脂，具有不同的优良特性，如耐碱性、耐磨性、耐油性、耐腐蚀性等。酚醛树脂是由苯酚和甲醛聚合得到的。强碱催化的聚合产物为甲基酚醛树脂，甲醛与苯酚物质的量比为 1.2∶1～3.0∶1，甲醛用 36%～50%的水溶液，催化剂为 1%～5%的 NaOH 或 Ca(OH)$_2$。在 80～95℃加热反应 3h，就得到了预聚物。为了防止反应过头和凝胶化，要真空快速脱水。预聚物为固体或液体，相对分子质量一般为 500～5000，呈微酸性，其水溶性与相对分子质量和组成有关，交联反应常在 180℃下进行，并且交联和预聚物合成的化学反应是相同的。

线形酚醛树脂是甲醛和苯酚以 0.75∶1～0.85∶1 的物质的量比聚合得到的，常以草酸或硫酸作催化剂，加热回流 2～4h，聚合反应就可完成。催化剂的用量为每 100 份苯酚加 1～2 份草酸或不足 1 份硫酸。由于加入甲醛的量少，只能生成低相对分子质量线形聚合物。反应混合物在高温脱水、冷却后粉碎，混入 5%～15%六亚甲基四胺，加热即迅速发生交联。本实验采用草酸作为催化剂，其反应机理及方程式如下：

$$(6-12)$$

$$n\text{H}-\overset{\text{O}}{\overset{\|}{\text{C}}}-\text{H} + n\,\underset{}{\overset{\text{OH}}{\bigcirc}} \longrightarrow \left[\begin{array}{c}\text{OH}\\ \bigcirc-\text{CH}_2\end{array}\right]_n + n\text{H}_2\text{O} \qquad (6\text{-}13)$$

　　酚醛树脂塑料是第一个商品化的人工合成聚合物，具有高强度和尺寸稳定性好、抗冲击、抗蠕变、抗溶剂和耐湿性能良好等优点。大多数酚醛树脂都需要加填料增强，通用级酚醛树脂常用黏土、矿物质粉和短纤维来增强，工程级酚醛树脂则要用玻璃纤维、石墨及聚四氟乙烯来增强，使用温度可达 150～170℃。酚醛聚合物可作为黏合剂，应用于胶合板、纤维板和砂轮，还可作为涂料，如酚醛清漆。含有酚醛树脂的复合材料可以用于航空飞行器，还可以做成开关、插座及机壳等。

　　本实验在草酸存在下进行苯酚和甲醛的聚合，甲醛量相对不足，得到线形酚醛树脂。线形酚醛树脂可作为合成环氧树脂原料，与环氧氯丙烷反应获得酚醛多环氧树脂，也可以作为环氧树脂的交联剂。

四、实验仪器及试剂

　　仪器：三口烧瓶，球形冷凝管，搅拌器，水浴锅，单管蒸馏头，接液管，毛细管，电热套。

　　试剂：苯酚，甲醛水溶液，草酸，六亚甲基四胺。

五、实验步骤

1. 线形酚醛树脂的制备

向装搅拌器和球形冷凝管的三口烧瓶（图 6-1）中加入 19.5g 苯酚（0.207mol）、13.8g 37%甲醛水溶液（0.169mol）、2.5mL 蒸馏水（如果使用的甲醛水溶液浓度偏低，可按比例减少水的加入量）和 0.3g 二水合草酸。水浴锅加热并开动搅拌，反应混合物回流 1.5h 后加入 90mL 蒸馏水，搅拌均匀后，冷却至室温，分离出水层。约 1h，无色溶液变为白色浊液，三口烧瓶瓶口部位有无色油状物。

图 6-1　线形酚醛树脂的制备装置

　　实验装置改为减压蒸馏装置，用电热套加热剩余部分，逐步升温至 150℃，同时减压至真空度为 66.7～133.3kPa，保持 1h 左右，除去残留的水分，此时样品一经冷却即成固体。在产物保持可流动状态下，将其从烧瓶中倾出，得到无色脆性固体。

2. 线形酚醛树脂的固化

取 10g 酚醛树脂，加入六亚甲基四胺 0.5g，在研钵中研磨混合均匀。将粉末放入小烧杯中，小心加热使其熔融，观察混合物的流动性变化。

六、注意事项

（1）在加原料时应该把原料加完后再加热，保证在达到较高温度时原料有充分的时间溶解，并混合搅拌均匀。

（2）反应应在通风橱中进行，因为不管是甲醛还是苯酚都有一定的毒性，对皮肤等有一定的腐蚀性。

（3）最后得到的产品应放到指定的地方，避免黏性造成水管堵塞。

七、思考题

（1）环氧树脂能否作为线形酚醛树脂的交联剂？为什么？

（2）反应结束后加入 90mL 蒸馏水的目的是什么？

实验 31　氧化偶合聚合

一、实验目的

（1）了解氧化偶合聚合原理。

（2）了解制备芳香聚醚的方法。

二、预习要求及操作要点

（1）了解氧化偶合聚合的实验技术。

（2）掌握引起链增长终止的化学因素。

三、实验原理

氧化偶合反应是一种不可逆缩聚反应，如同平衡缩聚反应一样，每进行一步反应都生成稳定的、能够独立存在且能进一步反应的化合物，链增长的同时生成低分子副产物。与平衡缩聚反应不同，这些低分子副产物不与生成的大分子链相作用。生成大分子的过程大致可分为链增长的开始、链增长和链增长的终止三步。

1. 链增长的开始

由不参加组成聚合物链的第三种物质（铜-胺催化剂）与 2,6-二甲基苯酚反应形成中间状态的活性物质，再由后者与 2,6-二甲基苯酚反应。按铜-胺催化剂中中心离子的个数可分为单核配合物和双核配合物。二者的比例与铜-胺比有关。

$$（6\text{-}14）$$

2. 链增长

在不可逆缩聚反应中链增长的过程具有逐步的性质。通过实验中得到的聚合物产率和特性黏数随反应时间变化的数据，可见链的增长经历一个缓慢的过程。

$$（6\text{-}15）$$

偶合反应

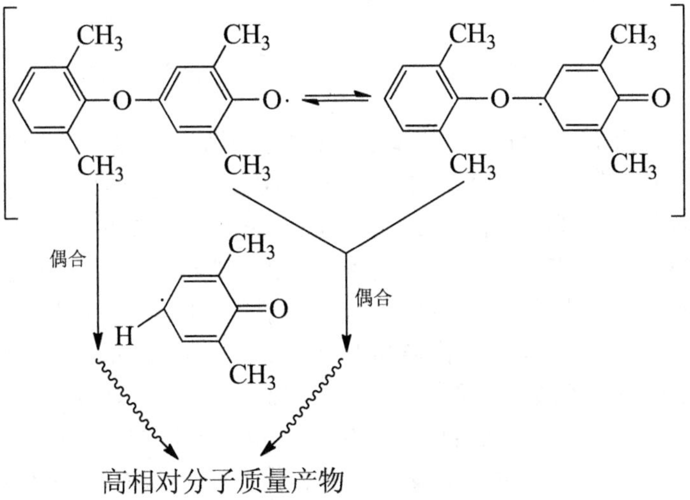

（6-16）

3. 链增长的终止

如同平衡缩聚反应一样，不可逆缩聚反应链增长的终止也受到物理因素和化学因素的影响。物理因素主要是减少官能团碰撞率和减慢单体分子扩散速率的原因。例如，反应介质很黏稠或聚合物沉淀下来，都会导致链增长的终止。

引起链增长终止的化学因素有：①原料的非当量比；②活性单官能团杂质的影响；③大分子及单体官能团发生化学变化而失去反应活性。在不可逆缩聚反应中官能团的化学变化往往是引起链增长终止的主要原因，因为不可逆缩聚反应是在比较复杂的反应体系中进行的，发生副反应的可能性较大。在聚苯醚实际生产过程中往往在体系达到一定黏度后，加入一定的乙酸使得催化剂失去反应活性而终止反应。

由上述机理可见，单体或低聚物的酚羟基被 Cu^{2+} 氧化成自由基，再经自由基相互偶合而使分子链得以生长，氧气在反应中起着使 Cu^+ 变为 Cu^{2+} 的作用。

实验发现，对于有如下结构的单体：

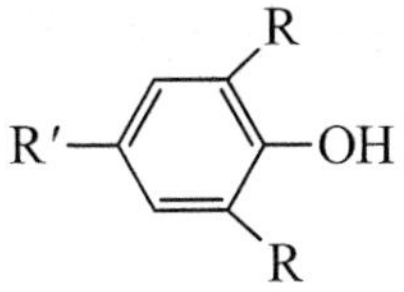

当 R′= CH_3、C_2H_5、CH_3O，或当 R=NO_2、CH_3O，或 R=t-C_4H_9 时，都不能发生生成聚合物所要求的 C—O 偶合。

四、实验仪器及试剂

仪器：三口烧瓶，搅拌器，滴液漏斗。

试剂：甲苯，二正丁基胺，溴化亚铜（或溴化铜），2,6-二甲基苯酚，甲醇，氧气，乙酸。

五、实验步骤

向 100mL 三口烧瓶中加入 30mL 甲苯和 2.5mL 二正丁基胺。搅拌加入 100mg 溴化亚铜和 2mL 甲醇，于溶液中通入氧气。3min 后在通氧和充分搅拌下，用约 20min 的时间往此绿色催化剂溶液中滴入溶于 18mL 甲苯中的 2,6-二甲基苯酚 6.21g（0.05mol）。随着单体的加入，反应混合物的颜色变为棕色，溶液的温度则因反应放热而缓慢地由室温升至 35～40℃。单体加完后约 30min，反应混合物因少量副产物 3,3′,5,5′-四甲基-4,4′-联苯醌结晶而出现浑浊。反应 75min 后，反应混合物为黏稠状。加入 2mL 乙酸使聚合终止。将反应混合物的一半转移至 600mL 烧杯中，往烧杯中先滴加 50mL，然后加入 150mL 甲醇。放置 10min 后，抽吸过滤，收集聚合物，再用 40mL 甲醇在烧杯中将聚合物洗涤，过滤后将聚合物再洗一遍，再过滤后将聚合物尽量抽干，产物放入 50℃真空烘箱中干燥一夜，计算收率。

六、注意事项

（1）若需获得纯净的聚合物，可将聚合物溶解在氯仿中，溶解时可加热。将溶液过滤除去杂质，再按前面的方法用甲醇沉淀出来。经过滤，洗涤，干燥，得到纯度较高的产物。聚合物黏度也可在氯仿中测定。

（2）也可用三级胺如三丁胺代替二正丁胺进行实验。

七、思考题

（1）本反应中副产物是怎样生成的？

（2）除酚类单体外，还有什么单体可以进行氧化偶合聚合？

实验 32　聚苯胺的制备及其导电性研究

一、实验目的

（1）掌握聚苯胺（PANI）的合成方法。

（2）掌握乳液法合成聚苯胺的实验操作。

二、预习要求及操作要点

（1）了解聚苯胺的原理及实验技术。

（2）了解影响聚苯胺导电性的外界因素。

三、实验原理

聚苯胺的电活性源于分子链中的 p 电子共轭结构，随分子链中 p 电子体系的扩大，p 成键态和 p*反键态分别形成价带和导带，这种非定域的 p 电子共轭结构经掺杂可形成 p 型和 n 型导电态。不同于其他导电高分子在氧化剂作用下产生阳离子空位的掺杂机制，聚苯胺的掺杂过程中电子数目不发生改变，而是由掺杂的质子酸分解产生 H^+ 和对阴离子（如 Cl⁻、硫酸根、磷酸根等）进入主链，与胺和亚胺基团中 N 原子结合形成极子和双极子离域到整个分子链的 p 键中，从而使聚苯胺呈现较高的导电性。这种独特的掺杂机制使得聚苯胺的掺杂和脱掺杂完全可逆，掺杂度受 pH 和电位等因素的影响，并表现为外观颜色的相应变化，聚苯胺也因此具有电化学活性和电致变色特性。

聚苯胺的合成有化学氧化聚合和电化学聚合。化学氧化聚合是苯胺在酸性介质下以过硫酸盐或重铬酸钾等作为氧化剂而发生氧化偶联聚合，聚合时所使用的酸通常为挥发性质子酸，浓度一般控制在 $0.5\sim4.0\,mol\cdot L^{-1}$，反应介质可为水、甲基吡咯烷酮等极性溶剂，可采用溶液聚合和乳液聚合进行。介质酸提供反应所需的质子，同时以掺杂剂的形式进入聚苯胺主链，使聚合物具有导电性，所以盐酸为首选。电化学聚合是苯胺在电流作用下在电极上发生聚合，它可以获得聚苯胺薄膜。在酸性电解质溶液中得到的花色产物，具有很高的导电性、电化学特性和电致变色性，在碱性电解质溶液中则得到深黄色产物。

聚苯胺在大多数溶剂中是不溶的，仅部分溶解于二甲基甲酰胺和甲基吡咯烷酮中，可溶于浓硫酸，采用苯胺衍生物聚合、嵌段共聚和接枝共聚等方法可以提高聚苯胺的溶解性，但是会给其导电性带来负面影响。

$$(6\text{-}17)$$

聚苯胺的导电性取决于聚合物的氧化程度和掺杂度，式（6-17）为不同氧化态聚苯胺之间的可逆反应。当 pH<4 时，聚苯胺为绝缘体，电导率与 pH 无关；当 4>pH>2 时，电导率随 pH 增加而迅速变大，直接原因是掺杂程度提高；当 pH<2 时，电导率与 pH 无关，聚合物呈金属特性。

本实验采用溶液聚合法和乳液聚合法合成聚苯胺，经盐酸掺杂后得到导电材料，并采用简单的方法观察其导电性。

四、实验仪器及试剂

仪器：圆底烧瓶，平衡滴液漏斗，电磁搅拌器，压力机，数字式四探针电导率测试仪。

试剂：36%浓盐酸，苯胺，过硫酸铵，十二烷基苯磺酸，二甲苯，丙酮。

五、实验步骤

1. 溶液聚合法

用 36%浓盐酸和蒸馏水配制成 2.0mol·L^{-1} 盐酸溶液，取 50mL 稀盐酸并加入 4.7g 苯胺（0.05mol）搅拌溶解，配制成盐酸苯胺溶液，取 11.4g 过硫酸铵（0.05mol）溶解于 25mL 蒸馏水中配制成过硫酸铵溶液。在电磁搅拌下，用滴液漏斗将过硫酸铵溶液滴加到盐酸苯胺溶液，25min 加入完毕，继续反应 1h。结束反应，反应混合物减压过滤，并用蒸馏水洗涤数次，最后用 2.0mol·L^{-1} 盐酸溶液浸泡 2h 进行掺杂。过滤，干燥至恒量，计算收率。

把干燥的聚苯胺研磨成粉末，在 1MPa 压力下压制成直径 15mm、厚度 4mm 的圆片，观察其导电情况。

2. 乳液聚合法

取 25g 十二烷基苯磺酸，加入 200mL 水和 50mL 二甲苯，放入冰水浴中，机械搅拌使混合物乳化。加入 5mL 苯胺，保持温度 0℃，30min 后滴加 100mL 1mol·L^{-1} 过硫酸铵水溶液，此时乳液逐渐由乳白色转变成黄绿色，继续搅拌 6h 后转变成墨绿色，静置，将反应乳液倒入丙酮中破乳，抽滤，用蒸馏水洗涤至滤液无色，真空干燥，计算收率。

3. 聚苯胺的电导率测试

（1）测量聚苯胺圆薄片厚度。把烘干后的聚苯胺用玛瑙研钵仔细研磨，使用压片机将上述操作所得的 10 组粉末分别压成厚约 1mm、直径约 1cm 的小圆片。再分别测量圆薄片的厚度，并记录测量值 b。

（2）测量聚苯胺电导率。用 RTS-9 型四探针电导率仪测定其电导率，分别测量上述圆薄片，记录每次测量的电压 V。再根据电导测量的计算公式：$\sigma=\ln2/\pi dV$，分别计算电导率。其中，V 为测量电压；d 为聚合物薄片的厚度。

六、注意事项

（1）氧化剂用量的影响。在盐酸苯胺浓度一定的情况下，过硫酸铵浓度很大时，反应的活性中心过多，不利于形成高分子的聚苯胺，同时，过剩的氧化剂还会使高分子链进一步氧化，以致断裂成低分子化合物，导致产物的电导率下降。

（2）盐酸配制时烧杯口有白雾生成，制好后可以用最大的烧杯盖好小烧杯，避免盐酸的过度挥发而影响在最后要用盐酸掺杂聚苯胺时盐酸的量。

（3）将反应的温度控制在 5℃以下，如果发现盆中有明显的冰水，可以再多加一些冰，以防止反应温度的升高而影响反应的进行。

七、思考题

（1）电子导电体应具有什么样的结构？为了使其导电，还应该采用什么措施？
（2）设计一个小装置，比较聚苯胺和常规聚合物的导电性。

实验 33　聚氨酯泡沫塑料的制备

一、实验目的

（1）了解发泡塑料发泡原理。
（2）了解醇酸缩聚反应的特点，合成聚氨酯泡沫塑料。

二、预习要求及操作要点

（1）掌握聚氨酯泡沫塑料的制备方法。
（2）掌握聚酯的酸值、羟值的测定方法。

三、实验原理

泡沫塑料即发泡聚合物，作为绝缘材料和包装材料等有着十分重要的用途。泡沫塑料有柔性、半刚性和刚性之分。作为刚性泡沫塑料，其聚合物的玻璃化转变温度应比材料的使用温度高很多。与此相对照，作为柔性泡沫塑料，其聚合物的玻璃化转变温度则应比材料的使用温度低很多。根据泡沫塑料内气泡的形态，泡沫塑料又有开孔与闭孔之分。闭孔泡沫塑料内的气泡是一个个独自分立的，而开孔泡沫塑料内的气泡则是互相连通的。如果材料内兼有开孔与闭孔两种气泡，该材料则称为混合孔型。也可以按照泡沫塑料的原料，分为聚苯乙烯泡沫塑料、聚氨酯泡沫塑料等。

泡沫塑料的制备可以归纳为三种方法：第一种方法是机械发泡法，即使聚合物乳液或液体橡胶通过剧烈的机械搅拌而成为发泡体，然后通过化学交联的方法使泡沫结构在聚合物中固定下来；第二种方法是物理发泡法，即先使气体或低沸点的液体溶入聚合物中（有时需加压力），然后加热使材料发泡；第三种方法是化学发泡法，即将发泡剂混入聚合物或单体中，发泡剂受热分解而产生气泡，或者经过发泡剂与聚合物或单体的化学反应而产生气泡。偶氮二异丁腈受热分解放出 N_2，碳酸氢铵受热产生 NH_3、CO_2 和 H_2O，二者均是常用的化学发泡剂。在聚氨酯泡沫塑料的制备中，可以用水充当发泡剂，水与异氰酸酯反应放出 CO_2。

聚氨酯泡沫塑料的合成可分为三个阶段：

（1）预聚体的合成。由二异氰酸酯单体与端羟基聚醚或聚酯反应生成含异氰酸酯端基的聚氨酯预聚体。

$$n\text{OCN}-\text{R}'-\text{NCO} + n\text{HO}-\text{R}-\text{OH} \longrightarrow$$
$$\text{HOR[OCONH}-\text{R}'-\text{NHOCOR}-\text{O]}_{n-1}\text{CONHR}'\text{NCO} \tag{6-18}$$

（2）气泡的形成与扩链。在预聚体中加入适量的水，异氰酸酯端基与水反应生成的氨基甲酸不稳定，分解生成羰氨基与 CO_2，放出的 CO_2 气体在聚合物中形成气泡，并且生成的端氨基聚合物可与聚氨酯预聚体进一步发生扩链反应。

$$\text{\textasciitilde N=C=O} + H_2O \longrightarrow \text{\textasciitilde NHCOOH} \longrightarrow \text{\textasciitilde NH}_2 + CO_2\uparrow \tag{6-19}$$

$$\text{\textasciitilde N=C=O} + \text{\textasciitilde NH}_2 \longrightarrow \text{\textasciitilde NHCONH\textasciitilde} \tag{6-20}$$

（3）交联固化。游离的异氰酸酯基与脲基上的活泼氢反应，使分子链发生交联形成体形网状结构。

$$\tag{6-21}$$

聚氨酯泡沫塑料的软硬取决于所用的羟基聚醚或聚酯，使用较高相对分子质量及相应较低羟值的线形聚醚或聚酯时，得到的产物交联度较低，为软质泡沫塑料；若用短链或支链的多羟基聚醚或聚酯，所得聚氨酯的交联密度高，为硬质泡沫塑料。

泡沫制品的均匀性和开孔、闭孔的分布可通过添加助剂如乳化剂和稳定剂等来调节。乳化剂可使水在反应混合物中分散均匀，从而可保证发泡的均匀性；稳定剂（如硅油）则可防止在反应初期泡孔结构的破坏。

测定羟值对于多元醇和聚氨酯制品是配方计算的依据。一般羟基含量常以羟值来表示。羟值的定义即每克样品中所含羟基酰化时，耗用的酸相当于 KOH 的质量（mg），可表示为 $KOH mg \cdot g^{-1}$。测定原理基于酰化法（也称酯化法），即样品中的羟基与酸酐定量酰化反应，生成酯和酸，过量的酸酐水解成酸后，用碱标准溶液滴定。随着酰化剂的不同，酰化的方法有多种，如乙酰化法、邻苯二甲酰化法（也称酞酰化法）和均苯四甲酰化法等。其中以乙酸酐吡啶溶液为酰化剂较为多见。

取一定量的过量乙酸酐，在吡啶存在下在沸腾的水浴中与试样中的羟基发生乙酰化反应，吡啶既是溶剂也是反应的催化剂。反应完成后剩余的乙酸酐用水分解，水解和乙酰化反应所产生的乙酸用标准碱溶液滴定，从滴定空白和试样所消耗的碱溶液体积的差值来计算羟值。有关反应方程式如下：

$$ROH+(CH_3CO)_2O \longrightarrow CH_3COOR+CH_3COOH \qquad (6\text{-}22)$$

$$(CH_3CO)_2O+H_2O \longrightarrow 2CH_3COOH \qquad (6\text{-}23)$$

$$CH_3COOH+NaOH \longrightarrow CH_3COONa+H_2O \qquad (6\text{-}24)$$

酸值是指中和 1g 样品中游离的脂肪酸所需要的氢氧化钾质量（mg）。测定方法是将聚合物溶于乙醇中，以酚酞为指示剂，用 $0.05 mol \cdot L^{-1}$ 氢氧化钾的醇标准溶液滴定。

四、实验仪器及试剂

仪器：搅拌器，进氮气管，温度计，回流冷凝管，四口烧瓶，真空泵，磨口锥形瓶，平板电热炉。

试剂：己二酸，乙二醇，丙三醇（甘油），三乙烯二胺，甲苯二异氰酸酯，95%乙醇，氢氧化钾的醇标准溶液（$0.05 mol \cdot L^{-1}$），酚酞指示剂。

五、实验步骤

1. 常压缩聚合成聚酯

在装有搅拌器、进氮气管、温度计、回流冷凝管的 250mL 四口烧瓶中，加入 0.3g 己二酸、0.15g 乙二醇和 0.15g 丙三醇后，加热搅拌。打开氮气开关，使氮气气流缓慢通入反应器内（气流速度可以通过气泡观察）。使反应温度逐渐上升，记录开始蒸出水的时间和温度（170～180℃），在此温度下保持2h，使大部分水蒸发出去。

2. 减压蒸馏

将常压缩聚的反应体系用真空泵缓慢抽真空至真空度小于2.67kPa，记下低分子物流出的时间和温度（180～190℃），维持约2h（测定酸值小于50）停止反应。待温度降至100℃时，缓慢充氮气解除真空后，将物料倒入已知质量且干燥的250mL烧杯中，计算产率。

3. 泡沫塑料的制备

在已知质量的多羟基聚酯中，加入其质量2.5%的蒸馏水和0.4%～0.5%的三乙烯二胺（精确称量），搅拌后再加35%的甲苯二异氰酸酯，立即快速搅匀，5min左右可见微泡出现，将起泡的物料迅速倒入事先备好的纸匣中（纸匣内侧底部有衬里，便于脱模），1min后未见泡沫，可送入90℃烘箱中熟化20～30min，取出泡沫塑料。

4. 羟值的测定

在一只洁净、干燥的棕色瓶中，加入100mL新蒸吡啶和15mL新蒸乙酸酐混合均匀后备用。

将样品真空干燥，称取约2g样品，放入100mL磨口锥形瓶中，用移液管准确移取10mL配好的乙酸酐-吡啶混合液，放入瓶中，并用2mL吡啶冲洗瓶口。放入几粒沸石，接上磨口空气冷凝管，在平板电热炉上加热回流20min，冷却至室温，依次用10mL吡啶和10mL蒸馏水冲洗冷凝管内壁和磨口，加入3～5滴1%的酚酞-乙醇指示剂，用0.05mol·L^{-1}氢氧化钾的醇标准溶液滴定。用同样的操作做空白实验。羟值按下式计算：

$$羟值 = \frac{56.1(V_0 - V)}{m} \tag{6-25}$$

式中，V和V_0分别为样品滴定和空白滴定所消耗的KOH的量，mL；m为样品质量，g。

对于端羟基聚合物，测得其羟基可用来计算其数均相对分子质量。对于双端羟基的聚醚，其数均相对分子质量M_n可表示为

$$M_n = \frac{2 \times 56.22 \times 100}{羟值} \tag{6-26}$$

5. 酸值的测定

准确称取适量泡沫塑料，放在100mL锥形瓶中，用移液管加入20mL溶剂，

轻轻摇动锥形瓶使样品完全溶解。然后加入 2～3 滴 0.1mol·L^{-1} 酚酞溶液，用氢氧化钾的醇标准溶液滴定至浅粉红色，保持 15～30s 不褪色。用此方法进行空白滴定，重复三次。

试样酸值为

$$酸值 = \frac{56.1(V_0 - V)M}{m} \qquad (6\text{-}27)$$

式中，V、V_0 分别为滴定试样和空白试样时消耗的氢氧化钾的醇标准溶液的体积；M 为氢氧化钾的醇标准溶液的浓度；m 为样品质量。

六、注意事项

（1）酸值测定中所称试样应含有 0.2～0.4mmol 酸。

（2）吡啶有毒，操作时必须在通风橱内进行。

七、思考题

（1）醇酸缩聚反应的特点是什么？实验过程中是如何体现的？

（2）发泡塑料的密度与什么因素有关？如果生成过程中使用大量的水，对泡沫塑料有何影响？

6.3　界面缩聚

界面缩聚是将两种单体分别溶于两种互不相溶的溶剂中，再将这两种溶液倒在一起，在两液相的界面上进行缩聚反应，聚合产物不溶于溶剂，在界面析出。界面缩聚的设备比较简单，反应迅速，又比较容易得到高相对分子质量的聚合物。它适用于合成聚酰胺、聚芳酯、聚碳酸酯、聚亚胺酯等。

界面缩聚具有以下特点：①单体必须能溶于两种互不相溶的溶剂；②界面缩聚是一种不平衡缩聚反应，小分子副产物可被溶剂中某一物质消耗吸收；③界面缩聚反应速率受单体扩散速率控制，如生成的聚合物不能溶于溶剂中，则要求很剧烈的搅拌，使两相能透过已形成的高分子的间隙互相接触；④单体为高反应性，聚合物在界面迅速生成，其相对分子质量与总的反应程度无关；⑤对单体纯度与功能基等物质的量比要求不严；⑥反应温度低，可避免因高温而导致的副反应，有利于高熔点耐热聚合物的合成。

界面缩聚由于需采用高活性单体，且溶剂消耗量大，设备利用率低，因此虽然有许多优点，但工业上实际应用并不多。典型的例子是用光气与双酚 A 界面缩聚合成聚碳酸酯。

实验 34　对苯二甲酰氯与己二胺的界面缩聚

一、实验目的

（1）了解界面缩聚反应的原理及特点。

（2）掌握界面缩聚反应的实验技术。

二、预习要求及操作要点

（1）了解界面缩聚的方法。

（2）掌握界面缩聚制备对苯二甲酰己二胺的方法。

三、实验原理

界面缩聚的很大优点在于它是一个低温聚合的方法。如此，在熔融温度不稳定的聚合物可由界面缩聚制备，在熔融缩聚中不能应用的一些不稳定反应物也可以得到利用。界面缩聚要求单体非常活泼，使用的单体不多；又由于使用大量的有机溶剂，成本比较高，工业生产受到很大限制。典型的例子是用光气和双酚 A 界面缩聚合成聚碳酸酯。用界面缩聚方法制备聚碳酸酯已实现工业化。反应物质的量比的正确计量在这里不如在熔融缩聚中重要，可能是由于缩聚反应速率特别快。即使溶液中的反应物并非精确的等物质的量比也不会阻碍在两种液体接触表面上高分子产物的形成。从界面体系得到的聚合物，其平均相对分子质量通常可以与从熔融缩聚制备的聚合物相比较，且在最好的条件下可以高很多。

界面缩聚的基本反应是酰氯在酸接受体存在下与醇或胺的活泼氢作用，属于非平衡缩聚反应。从外表上看，这个反应是有机相中的二酰氯和含有酸接受体的水相中的二胺在两相界面上进行的，如聚对苯二甲酰基二胺可采用此法得到。其反应式如下：

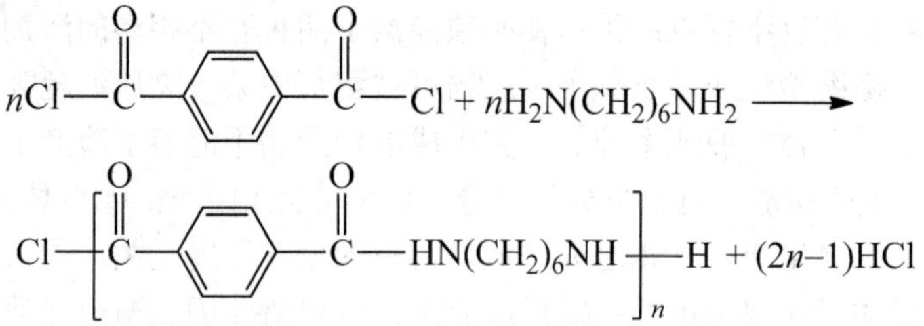

反应时，将对苯二甲酰氯溶于有机溶剂（如 CCl_4），己二胺溶于水，且在水相中加入 NaOH 来消除聚合反应生成的小分子副产物 HCl。将两相混合后，聚合反应迅速在界面进行，所生成的聚合物在界面析出成膜，把生成的聚合物膜不断拉出，单体不断向界面扩散，聚合反应在界面持续进行。界面缩聚示意图如图 6-2 所示。

四、实验仪器及试剂

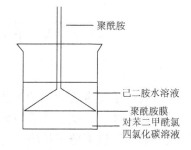

图 6-2　界面缩聚示意图

仪器：烧杯，镊子，自动旋转界面拉丝装置，三口烧瓶，滴液漏斗，搅拌器等。

试剂：对苯二甲酰氯，己二胺，四氯化碳，氢氧化钠。

五、实验步骤

（1）于干燥的 250mL 锥形瓶中称取 1.35g 对苯二甲酰氯，加入 100mL 无水 CCl_4，盖上塞子，摇匀使对苯二甲酰氯尽量溶解配成有机相。另取两个 100mL 烧杯分别称取新蒸己二胺 0.77g 和 NaOH 0.53g，共用 100mL 水将其分别溶解后倒入 250mL 烧杯中混合均匀，配成水相。

（2）将有机相倒入干燥的 250mL 烧杯中，然后用一支玻璃棒紧贴烧杯壁并插到有机相底部，沿玻璃棒小心地将水相倒入，马上就可在界面观察到聚合物膜的生成。用镊子将膜小心提起，并缠绕在一玻璃棒上，转动玻璃棒，将持续生成的聚合物膜卷绕在玻璃棒上。所得聚合物放入盛有 200mL 1% HCl 水溶液中浸泡，用水充分洗涤至中性，最后用蒸馏水洗，压干，剪碎，置真空干燥箱中于 80℃真空干燥，计算产率。

六、注意事项

要制得相对分子质量较高的聚合物，单体必须纯化并调节反应物浓度的比例。

七、思考题

（1）为什么在水相中需加入两倍量的 NaOH？若不加，将会发生什么反应？对聚合反应有何影响？

（2）二酰氯可与双酚类单体进行界面缩聚合成聚酯，却不能与二醇类单体进行界面缩聚，为什么？

第7章 高分子参与的化学反应实验

高分子化合物的结构发生化学转化的过程包括高分子链的化学组成和功能基的转化及聚合度、链节序列和表观性能的变化等。早在19世纪中叶，科学家就开始对天然高分子结构和化学改性进行研究，当时已能将天然橡胶制成橡皮，将纤维素制成硝酸纤维素、乙酸纤维素、铜氨纤维、丝光纤维等，并得到工业应用。

研究和利用聚合物分子内或聚合物分子间所发生的各种化学转变具有重要的意义，具体体现在两个方面：

（1）可合成高附加值和特定功能的新型高分子。例如，利用高分子的化学反应对高分子进行改性从而赋予聚合物新的性能和用途：离子交换树脂；高分子试剂及高分子固载催化剂；化学反应的高分子载体；在医药、农业及环境保护方面具有重要意义的可降解高分子；阻燃高分子等。

（2）有助于了解和验证高分子的结构。根据高分子的功能基及聚合度的变化可分为两大类：①聚合物的相似转变，反应仅发生在聚合物分子的侧基上，即侧基由一种基团转变为另一种基团，并不会引起聚合度的明显改变。②聚合物的聚合度发生根本改变的反应，包括聚合度变大的化学反应，如扩链（嵌段、接枝等）和交联；聚合度变小的化学反应，如降解与解聚。

虽然高分子的功能基能与小分子的功能基发生类似的化学反应，但由于高分子与小分子具有不同的结构特性，因而其化学反应也有不同于小分子的特性：

（1）高分子链上可带有大量的功能基，但并非所有功能基都能参与反应，反应产物分子链上既带有起始功能基，也带有新形成的功能基，并且每一条高分子链上的功能基数目各不相同，不能将起始功能基和反应后功能基分离开来，因此很难像小分子反应一样可分离得到含单一功能基的反应产物。

（2）聚合物化学反应的复杂性。由于聚合物本身是聚合度不一的混合物，而且每条高分子链上的功能基转化程度也不一样，因此所得产物是不均一的、复杂的。此外，聚合物的化学反应可能导致聚合物的物理性能发生改变，从而影响反应速率甚至影响反应的进一步进行。

聚合物的化学反应的影响因素主要为以下几点：

（a）物理因素：如聚合物的结晶性、溶解性、温度等。

结晶性：对于部分结晶的聚合物而言，由于在其结晶区域（即晶区）分子链排列规整，分子链间相互作用强，链与链之间结合紧密，小分子不易扩散进入晶区，因此反应只能发生在非晶区。

溶解性：聚合物的溶解性随化学反应的进行可能不断发生变化，一般而言，溶解性好对反应有利，但若沉淀的聚合物对反应试剂有吸附作用，聚合物上的反应试剂浓度增大，反而使反应速率增大。

温度：一般温度升高有利于反应速率的提高，但温度太高可能导致不期望发生的氧化、裂解等副反应。

（b）结构因素：聚合物本身的结构对其化学反应性能的影响称为高分子效应，这种效应是由高分子链节之间的不可忽略的相互作用引起的。高分子效应主要有以下几种：

位阻效应：由于新生成的功能基的立体阻碍，其邻近功能基难以继续参与反应。例如，聚乙烯醇的三苯乙酰化反应，由于新引入的庞大的三苯乙酰基的位阻效应，其邻近的—OH 难以再与三苯乙酰氯反应：

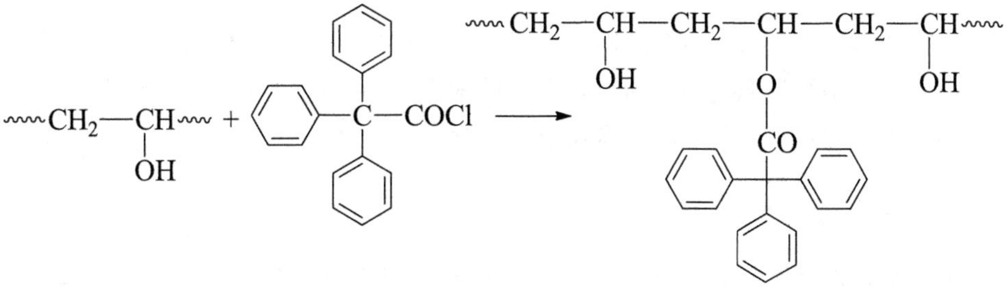

$$(7\text{-}1)$$

静电效应：邻近基团的静电效应可降低或提高功能基的反应活性。例如，聚丙烯酰胺的水解反应速率随反应的进行而增大，其原因是水解生成的羧基与邻近的未水解的酰胺基反应生成酸酐环状过渡态，从而促进了酰胺基中—NH_2 的离去加速水解。

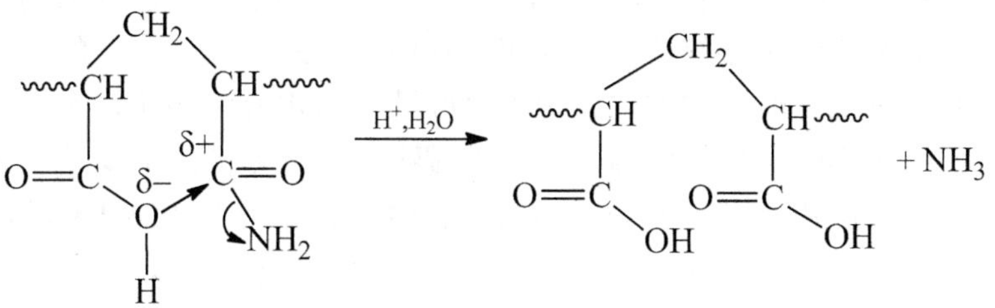

$$(7\text{-}2)$$

功能基孤立化效应（概率效应）：当高分子链上的相邻功能基成对参与反应时，成对基团反应存在概率效应，即反应过程中间或会产生孤立的单个功能基，由于单个功能基难以继续反应，因而不能 100%转化，只能达到有限的反应程度。

例如，聚乙烯醇的缩醛化反应，最多只能有约 80% 的—OH 能缩醛化：

$$\text{～CH}_2\text{CH～} \xrightarrow{\text{RCHO}} \text{...} \qquad (7\text{-}3)$$

实验 35　羧甲基纤维素的合成

一、实验目的

（1）学习溶媒法制备羧甲基纤维素（CMC）的原理及方法。

（2）熟练掌握制备 CMC 的实验过程。

（3）了解纤维素的化学改性、纤维素衍生物的种类及其应用。

二、预习要求及操作要点

（1）初步理解 CMC 的合成原理。

（2）初步了解制备 CMC 的实验操作技术。

（3）了解 CMC 的性质、用途及技术指标。

三、实验原理

羧甲基纤维素是一种纤维素的衍生物，其水溶液具有增稠、成膜、黏接、水分保持、胶体保护、乳化及悬浮等作用，因此可作为黏合剂、增稠剂、悬浮剂、乳化剂、分散剂、稳定剂、上浆剂等，并广泛应用于日用化学、食品、纺织、造纸及油田开采等行业。

纤维素的衍生物按取代基的种类可分为醚化纤维素（纤维素的羟基与醚化试剂反应而形成醚键）和酯化纤维素（纤维素的羟基与羧酸或无机酸反应成酯键），CMC 是一种醚化纤维素。目前，CMC 的生产方法按反应介质的不同可分为两大类，即水媒法和溶媒法。在反应过程中，以水为反应介质的方法称为水媒法；以有机溶剂为介质的方法则称为溶媒法。与水介质相比，有机溶剂具有在反应过程中传热快、传质均匀、可有效减少碱纤维素的水解逆反应等优点，因此溶媒法主反应快，副反应少，醚化剂利用率高，所得到的产品纯度高，黏度高。

CMC 的制备以纤维素为主要原料，采用先碱化反应，后醚化反应，两步法制备 CMC。

首先是纤维素与氢氧化钠反应生成碱纤维素，实质是葡萄糖单元的羟基与碱络合成醇盐，破坏分子间氢键的过程，称为碱化反应，反应方程式见式（7-4），其中 Cell 表示葡萄糖结构单元：

$$Cell\text{—}OH+NaOH \longrightarrow Cell\text{—}O\text{—}Na^++H_2O \quad (7\text{-}4)$$

然后，碱纤维素与氯乙酸反应生成 CMC，称为醚化反应，也是羧甲基化的过程，反应方程式见式（7-5）和式（7-6）：

$$ClCH_2COOH+NaOH \longrightarrow ClCH_2COONa+H_2O \quad (7\text{-}5)$$

$$Cell\text{—}O\text{—}Na^++ClCH_2COONa \longrightarrow Cell\text{—}OCH_2COO\text{—}Na \quad (7\text{-}6)$$

此外，还可能发生以下 3 个副反应：

$$ClCH_2COONa+NaOH(H_2O) \longrightarrow HOCH_2COONa+NaCl \quad (7\text{-}7)$$

$$ClCH_2COONa+H_2O \longrightarrow HOCH_2COOH+NaCl \quad (7\text{-}8)$$

$$ClCH_2COOH+2NaOH \longrightarrow HOCH_2COONa+NaCl+H_2O \quad (7\text{-}9)$$

这几个副反应都会导致醚化剂失活，从而降低醚化效率，所得羧甲基化产品是中低档产品。碱化反应使体系温度升高，易发生副反应，所以控制好反应温度极为重要。

纤维素的碱化是羧甲基化反应的基础。此过程中，纤维素结晶结构破坏的程度越大，则生成的活性中心（Cell—O—Na⁺）越多，羧甲基化反应就越容易进行。对于醚化反应，使用偶极类溶剂较好，因为偶极类溶剂对于负离子（碱纤维素）很少发生溶剂化，使得碱纤维素不受溶剂分子包围，有利于反应的进行。

醚化反应结束后，用适量的酸中和未反应的碱以终止反应，经分离、精制和干燥后得到所需产品。

CMC 的技术指标主要有聚合度、取代度、纯度、含水量及其水溶液的黏度、pH 等，其中取代度是最关键的指标，决定了 CMC 的性质和用途。CMC 的取代度（DS）是指每个纤维素大分子葡萄糖残基环上的羟基被羧甲基所取代的平均数目，一般来说取代度 DS≥0.92 属于高取代度。一般而言，提高 CMC 的聚合度和取代度，它的水溶性、降滤失性能、黏度及抗盐性能也有所提高。CMC 水溶液的黏度反映了聚合度的高低。

CMC 的取代度的测定原理：先将水溶性 CMC 酸化，变成不溶性的 CMC，纯化后，用准确计量过的氢氧化钠，将已知量的 CMC 重新转化为钠盐，再用盐酸标液滴定过量的碱。

样品中羧甲基纤维素钠的取代度根据以下公式求得

$$A=(B\times C-D\times E)/F; \ DS=0.162A/(1-0.058A) \quad (7\text{-}10)$$

式中，A 为中和1g羧甲基纤维素所消耗的氢氧化钠的物质的量，mmol；B 为加入的氢氧化钠标准滴定溶液的体积，mL；C 为氢氧化钠标液的浓度，$mol\cdot L^{-1}$；D 为滴定过量的氢氧化钠所用的盐酸标液的滴定体积，mL；E 为盐酸标液的浓度，$mol\cdot L^{-1}$；

F 为用于测定酸式羧甲基纤维素的质量，g；0.162为纤维素的失水葡萄糖单元的毫摩尔质量，g/mmol；0.058为失水葡萄糖单元中的一个羟基被羧甲基取代后，失水葡萄糖单元的毫摩尔质量的净增值，g/mmol。

四、实验仪器及试剂

仪器：分析天平，恒温水浴，电动搅拌器，回流冷凝管，温度计，三口烧瓶（250mL），酸式滴定管，锥形瓶，通氮装置，真空抽滤装置，干燥箱，研钵。

试剂：微晶纤维素或纤维素粉，氢氧化钠，异丙醇（95%），氯乙酸，盐酸，甲醇，标准氢氧化钠溶液（0.1mol·L^{-1}），氯化氢溶液（0.1mol·L^{-1}），酚酞指示剂（10g·L^{-1}），pH 试纸，去离子水。

五、实验步骤

（1）将 50mL 95%异丙醇和 8.2mL 45%氢氧化钠溶液加入三口烧瓶中，并开动搅拌，缓慢加入 5g 纤维素，在 30℃下碱化 45min。

（2）碱化完毕后，将氯乙酸溶于异丙醇中，配制成 50%的溶液，取 8.6mL 该溶液加入三口烧瓶中；充分混合后，升温至 75℃，并反应 40min。

（3）冷却至室温，用 1mol·L^{-1} 的稀盐酸中和至 pH 为 4，用甲醇反复洗涤除去无机盐和未反应的氯乙酸（向反应体系中加入 100mL 甲醇，过滤，用少量甲醇洗涤滤饼）。干燥，粉碎，称量，计算取代度。

（4）取代度的测定。用 70%的甲醇溶液配制 1mol·L^{-1} 的盐酸/甲醇溶液，取 0.5g 醚化产品浸于 20mL 上述溶液中，搅拌 3h，使纤维素的羧甲基钠完全酸化，抽滤，用蒸馏水洗至溶液无氯离子。用过量的 0.1mol·L^{-1} 标准氢氧化钠溶液溶解，得到透明溶液，以酚酞作指示剂，用 0.1mol·L^{-1} 标准盐酸溶液滴定至终点，计算取代度。重复测定两次，结果差值不应该超过 0.02 个取代度单位。

六、注意事项

（1）由于碱纤维素的形成是一个放热反应，因此降低碱化温度可促进碱纤维素的生成并抑制其水解反应，碱化反应的最佳温度为 30℃。

（2）滴定时要控制好速度，以免滴过。

七、思考题

（1）醚化反应中，为什么选用异丙醇而不用正丙醇作为有机溶剂？

（2）纤维素中葡萄糖单元有三个羟基，哪一个最容易与碱形成醇盐？为什么？

（3）碱浓度过大对纤维素醚化反应有何影响？

实验 36　聚乙烯醇的制备（聚乙酸乙烯酯的醇解）

一、实验目的

（1）了解聚乙酸乙烯酯的醇解反应原理、特点及影响醇解反应的因素。

（2）熟练掌握由聚乙酸乙烯酯醇解制备聚乙烯醇的技术方法。

二、预习要求及操作要点

（1）了解聚合物化学反应的基本特征。

（2）通过学习，初步掌握聚乙酸乙烯酯醇解的反应原理和特点。

（3）了解聚乙烯醇在生产中的实际应用。

三、实验原理

聚合物的相对分子质量很高，结构层次多样，其凝聚态结构和溶液行为与小分子的差异很大，使得高分子的化学反应具有自身的一些特性。一般来讲，高聚物中的官能团活性低，在支链反应时不能完全转化，产物多为混合物，较难分离。因此，高分子的支链反应常用基团转化程度来表示反应进行的程度。

聚乙烯醇（polyvinyl alcohol，PVA）是一种重要的水溶性高分子，其分子链含有大量羟基。乙烯醇易异构化为乙醛，因此 PVA 不能直接用乙烯醇单体聚合而得，工业上应用的 PVA 是通过聚乙酸乙烯酯（PVAc）醇解（或水解）反应而制备的。PVAc 的醇解反应实质是 PVAc 与甲醇之间的酯交换反应，PVAc 的醇解反应机理（酯交换反应）和低分子酯的酯交换反应相同。PVA 的物理性质受化学结构、醇解度、聚合度的影响。

PVAc 的醇解可以在酸性或碱性条件下进行。酸性条件下的醇解反应由于痕量酸很难从 PVA 中除去，而残留的酸会加速 PVA 的脱水作用，使产物变黄或不溶于水，因此目前多采用碱性醇解法制备 PVA。本实验采用甲醇为醇解剂，NaOH 为催化剂，在碱性条件下进行醇解反应。为了适应教学要求，本实验在较为缓和的醇解条件下进行，进行的主反应如式（7-11）所示：

$$\left[CH_2\!-\!CH \right]_n + nCH_3OH \longrightarrow \left[CH_2\!-\!CH \right]_n + nCH_3COOCH_3 \quad (7\text{-}11)$$
$$\underset{\displaystyle OCOCH_3}{\qquad\qquad} \qquad\qquad\qquad \underset{\displaystyle OH}{\qquad\qquad}$$

$$NaOH + CH_3COOCH_3 \longrightarrow CH_3COONa + CH_3OH \quad (7\text{-}12)$$

$$\left[CH_2\!-\!CH \right]_n + nNaOH \longrightarrow \left[CH_2\!-\!CH \right]_n + nCH_3COONa \quad (7\text{-}13)$$
$$\underset{\displaystyle OCOCH_3}{\qquad\qquad} \qquad\qquad\qquad\quad \underset{\displaystyle OH}{\qquad\qquad}$$

在主反应中 NaOH 仅起催化剂的作用，但 NaOH 还参加以上两个副反应，如式（7-12）和式（7-13）所示。在完全无水的条件下，主要进行醇解反应，但反应速率较慢。在实验过程中很难做到完全无水，当少量水存在时，NaOH 解离度增加，催化效率提高，加快醇解反应。但当体系含水量较大时，式（7-12）和式（7-13）两个副反应明显增加，它们消耗了大量的 NaOH，从而降低了对主反应的催化效能，使醇解反应不能完全进行。因此为了避免副反应的发生，对物料中的含水量有严格的要求，一般控制在 5% 以下。

为了制备出高纯度的 PVA，要选择适合的工艺条件，影响醇解反应的因素都应被考虑在内：

（1）甲醇的用量（PVAc 的浓度）。在其他实验条件确定的情况下，PVAc 的浓度过高则体系黏度大，流动性差，不利于与碱的均匀混合，导致醇解度下降；但是 PVAc 的浓度过低则会导致溶剂用量大，溶剂的损失和回收量大。通常工业上选用的 PVAc 的浓度为 22%。

（2）NaOH 用量。碱的用量过高对醇解速率和醇解度的影响并不大，但会增加体系中乙酸钠的含量，影响产品质量。目前，工业上 NaOH 用量为 NaOH：PVAc=0.12：1（物质的量比）。

（3）醇解温度。提高反应温度会加速醇解反应进行，但也会促进副反应的进行，导致碱的消耗量增加，使 PVA 产品中残留的乙酸根量增加，影响产品的质量。因此，目前工业上采用的醇解温度为 45～48℃。

（4）相转变。因为 PVAc 溶于甲醇，而 PVA 不溶于甲醇，所以当反应进行到一定程度时体系会转变成非均相。各种反应条件都会影响该转变发生的时间，相转变后，析出的 PVA 脱离了溶液体系，将无法再度醇解。如果生成了胶冻，同样会影响反应进程，此时必须强烈地搅拌，将胶冻打碎，才能确保醇解反应较为完全地进行。

（5）含水量。反应体系的含水量对醇解反应影响极大。含水量多或少都不利于醇解反应的进行，一般要求控制在 5% 以内。

四、实验仪器及试剂

仪器：三口烧瓶（250mL），量筒，电动搅拌器，恒温水浴，球形冷凝管，布氏漏斗，抽滤瓶，抽滤装置，表面皿。

试剂：PVAc，NaOH，甲醇。

五、实验步骤

（1）在装有电动搅拌器、球形冷凝管、滴液漏斗和温度计的 250mL 三口烧瓶中，加入 90mL 的甲醇溶液，并在搅拌下慢慢加入剪成碎片的 PVAc 15g，加热搅拌使其溶解。

（2）将溶液冷却到 30℃，加入 3mL 3% NaOH-CH$_3$OH 溶液，醇解在水浴温度控制在 32℃下进行。

（3）注意观察实验现象，尤其是在 30min 以后，当体系中出现胶冻现象立即强烈地搅拌，继续 0.5h，打碎胶冻后再加入 4.5mL 3% NaOH-CH$_3$OH 溶液，32℃下再保持 0.5h。

（4）升温到 62℃，再反应 1h。用事先在烘箱中预热的布氏漏斗抽滤，得到白色 PVA 沉淀，用 15mL 甲醇洗涤 3 次。将产品放在大的表面皿上，捣碎并尽量散开，自然干燥后放在真空箱中，50℃烘干 1h 再称量，烘干后计算产率。

六、注意事项

（1）溶解 PVAc 时要先加甲醇，再一边搅拌一边慢慢加入 PVAc 碎片，否则一旦黏成一团会影响溶解度。

（2）在本实验中对搅拌的控制尤为重要。由于 PVA 和 PVAc 性质不同，PVA 不溶于甲醇，随着醇解反应的进行，PVAc 上的乙酸基（CH$_3$COO—）逐渐被羟基（—OH）取代，当醇解程度达到 60% 时，这个大分子将要从溶解状态转变成不溶解状态，这时体系会呈现出胶冻状，此时要强烈搅拌，把胶冻打碎才能使醇解反应进行完全。如果不能及时打碎胶冻，会使胶冻内包裹的 PVAc 不能醇解完全，导致实验失败。因此实验中要注意观察实验现象，一旦出现胶冻，要及时加快搅拌速率。

（3）实验中为了避免出现胶冻现象，催化剂的滴加速率要慢，并且先后分两次加入。此外，相转变在反应进行 30min 后就有可能出现，所以 30min 后一定要时刻观察实验现象，及时发现异常。另外，由于搅拌速率非常快，搅拌装置应安装牢固。

七、思考题

（1）在聚乙酸乙烯酯的醇解过程中为什么会出现凝胶？如何解决？对醇解反应会有何影响？

（2）影响聚乙酸乙烯酯的醇解度的因素有哪些？要如何控制条件才能得到高醇解度的产品？

（3）由聚乙酸乙烯酯转化为聚乙烯醇主要有哪两种方法？分别列出反应方程式。

实验 37　聚乙烯醇缩甲醛的制备与分析

一、实验目的

（1）了解乙酸乙烯酯的乳液聚合实验技术。

（2）认识大分子的反应原理及特点，掌握由聚乙酸乙烯酯制备聚乙烯醇的方法。

（3）掌握聚乙烯醇缩甲醛合成方法及反应特点。

二、预习要求及操作要点

（1）了解大分子的反应原理及特点。

（2）了解由聚乙酸乙烯酯制备聚乙烯醇的方法。

（3）熟悉聚乙烯醇缩甲醛的合成方法及反应特点。

三、实验原理

由于不存在乙烯醇单体，因而聚乙烯醇不能直接由单体聚合而成，而是由聚乙酸乙烯酯在酸或碱催化下进行醇解制备得到。

聚乙酸乙烯酯可以用乙酸乙烯酯采用乳液聚合得到。搅拌条件下，乳化剂十二烷基苯磺酸钠在水中形成胶束，单体乙酸乙烯酯进入乳化剂所形成的胶束中，形成增溶单体胶束。胶束中的单体是在扩散进入胶束的水溶性引发剂过硫酸钾分解产生的自由基的作用下，按自由基机理进行聚合反应。聚乙酸乙烯酯乳液比较稳定，具有黏性，俗称白乳胶，水分挥发后形成的薄膜具有黏性，可用作木材或石膏的油漆和涂料，木材胶黏剂，皮革、纸张和织物的浸渍剂。

$$n\ H_2C=\!\!\!=\!\!CH \longrightarrow \begin{array}{c} \\ +H_2C-CH+_n \\ | \\ OCOCH_3 \end{array} \qquad (7\text{-}14)$$
$$\ \ \ \ \ \ \ \ \ \ \ |$$
$$\ \ \ \ \ \ OCOCH_3$$

聚乙酸乙烯酯在碱催化下的醇解又分为湿法（高碱）和干法（低碱）两种。湿法是指在原料聚乙酸乙烯酯甲醇溶液中含有 1%～2%的水，碱催化剂也配成水溶液。湿法的特点是反应速率快，但副反应多，甲醇中过量的水对醇解反应会产生阻碍作用，因为水的存在使反应体系内产生乙酸钠，消耗了氢氧化钠，所以要严格控制乙醇中水的含量。干法是指聚乙酸乙烯酯甲醇溶液不含水，碱也溶在甲醇中，碱的用量只有湿法的 1/10，但干法的反应速率慢。聚乙酸乙烯酯的醇解反应是大分子的反应，由于大分子反应具有概率效应，聚乙酸乙烯酯的醇解度达不到 100%。

$$\begin{array}{c} \\ +H_2C-CH+_n \\ | \\ OCOCH_3 \end{array} \longrightarrow \begin{array}{c} \\ +H_2C-CH+_m \\ | \\ OH \end{array} \begin{array}{c} \\ +H_2C-CH+_{n-m} \\ | \\ OCOCH_3 \end{array} + H_3C-COOCH_3 \qquad (7\text{-}15)$$

聚乙烯醇根据其性能和要求，有不同水解度和不同聚合度的商品牌号。大致可分为高醇解度（醇解度 98%～99%，仅溶于热水或沸水中）、中等醇解度（醇解度 87%～89%，室温下可溶于水）、低醇解度（醇解度 79%～83%，仅在 10～40℃ 溶于水）三类商品，平均聚合度则主要分为 500～600、1400～1800、2400～2500 等几种。中国主要生产商品牌号为 1799 和 1788 的聚乙烯醇，表示聚合度为 1700，醇解度分别为 99% 和 88%。聚乙烯醇仅在少数有机溶剂（如热的二甲基甲酰胺）中溶解或溶胀。聚乙烯醇最主要的用途是生产维尼纶纤维，其次用于纺织浆料、黏合剂、涂料、分散剂等。

聚乙烯醇缩甲醛是利用聚乙烯醇与甲醛在酸催化下反应得到。本实验是合成水溶性聚乙烯醇缩甲醛，用作胶水，反应过程中需控制较低的缩醛度，使产物保证水溶性，如果反应程度过大，则发生凝胶化。因此，在反应过程中严格控制反应物配比、溶液的酸碱度、反应时间、反应温度，避免凝胶化。

四、实验仪器及试剂

仪器：三口烧瓶（150mL），真空干燥器，水浴加热器，微型搅拌器，回流冷凝管。

试剂：氢氧化钠，甲醇，聚乙酸乙烯酯，乙酸乙烯酯（新蒸馏），过硫酸铵，盐酸，乙酸钠，乙氧基化壬基苯酚。

五、实验步骤

1. 过硫酸铵引发乙酸乙烯酯水相分散聚合

（1）把一个装有机械搅拌、滴液漏斗、回流冷凝管、温度计和氮气入口管的 150mL 三口烧瓶进行抽真空充氮。向其中加入 1.0g 聚乙烯醇，在 60℃ 下搅拌溶解在 30mL 蒸馏水中；向溶液中加入 0.5g 乙氧基化壬基苯酚，0.08g（0.36mmol）过硫酸铵和 0.1g 乙酸钠作为防止乙酸乙烯酯单体水解的缓冲剂。

（2）把溶液加热到 72℃，滴加 5g（约 0.06mol）乙酸乙烯酯（氮气下新蒸馏过），然后把水浴温度维持在 80℃。当混合物温度达 75℃，再加 15g（约 0.18mol）单体，加入的速度使反应物温度保持在 79～83℃，有适度回流（全部单体加完约用 20min）。

（3）向反应混合物中加入 0.4mL 含有 0.2g（0.9mmol）过硫酸铵的蒸馏水溶液。回流立刻减缓，温度上升到约 86℃，使反应物在 80℃ 水浴中再聚合 30min。

（4）冷却后得到乳状分散体，单体含量低于 1%。加入 3 倍体积量的含 1.5g $Al_2(SO_4)_3$ 的溶液，把聚合物沉淀出来，水洗，抽滤。

（5）在 80℃ 烘干，称量，计算乙酸乙烯酯的转化率。

2. 聚乙酸乙烯酯的醇解制备聚乙烯醇

参见实验 36。

3. 聚乙烯醇缩甲醛的制备

（1）安装反应器，150mL 三口烧瓶，搅拌器、回流冷凝管，滴液漏斗，加入 3g 聚乙烯醇、50mL 水，加热至 95℃使溶解。

（2）降温至 85℃，加入 2.0mL 40%的甲醛水溶液，搅拌反应 15min。再加入 1.0mol·L^{-1} 盐酸溶液 1.5mL，使溶液的 pH 达到 1～3。保温反应 40～60min。迅速加入 8%氢氧化钠溶液 1.5mL，停止缩聚，将聚乙烯醇缩甲醛胶水灌瓶。

六、注意事项

（1）乳液聚合反应的 pH、搅拌速率要控制好，避免发生凝聚现象。

（2）聚乙酸乙烯酯醇解时，要控制聚乙酸乙烯酯的甲醇溶液滴加速率，使其与碱充分接触，醇解完全。

（3）聚乙烯醇与甲醛在酸性条件下的反应容易发生凝胶化，事先准备好氢氧化钠溶液，黏度较大时，立即加碱终止反应。

七、思考题

（1）聚乙烯醇为什么要用乙酸乙烯酯来制备？

（2）讨论乳液聚合的影响因素。

（3）为什么聚乙烯醇与甲醛反应？

实验 38　淀粉接枝聚丙烯腈的制备及其水解

一、实验目的

（1）学习使用铈盐引发接枝聚合反应的方法。

（2）了解淀粉接枝聚丙烯腈的水解反应及其产物的吸水特性。

二、预习要求及操作要点

（1）了解淀粉接枝共聚的原理及实验方法。

（2）了解高吸水性树脂的实际应用。

三、实验原理

淀粉与丙烯腈的接枝共聚产物是一种高吸水性树脂，能够吸收自身质量数百至数千倍的水分，具有很强的吸水性、保水性及增黏性，已广泛应用于沙漠治理、石油钻井和污水处理等领域。

淀粉接枝共聚主要是采用铈离子引发接枝聚合的方法，引发方式为：Ce^{4+} 盐（硝酸铈铵）溶于稀硝酸中，与淀粉形成络合物，并与葡萄糖单元的羟基反应生成活性自由基，自身还原成 Ce^{3+}。使用 Ce^{4+} 盐作为引发剂，单体的接枝效率较高。

$$\text{(7-16)}$$

$$\text{(7-17)}$$

淀粉接枝聚丙烯腈本身没有高吸水性，将聚丙烯腈接枝链的氰基转变成亲水性更好的酰胺基和羧基，最终彻底水解成淀粉接枝聚丙烯酸盐，淀粉接枝共聚物的吸水性会显著提高。

$$\text{(7-18)}$$

本实验采用铈离子引发体系引发丙烯腈进行接枝共聚，生成淀粉接枝聚丙烯腈，然后使氰基水解，从而形成高吸水性树脂。

四、实验仪器及试剂

仪器：搅拌器，回流冷凝管，温度计，三口烧瓶（250mL）。

试剂：淀粉，蒸馏水，环氧氯丙烷，硝酸溶液，硝酸铈，丙烯腈，甲醇，乙醇，氢氧化钠。

五、实验步骤

（1）淀粉的糊化。在装有搅拌器、回流冷凝管的 250mL 三口烧瓶中，加入淀粉 8g，蒸馏水 150mL。开动搅拌器，加热升温，在 75℃下搅拌 1h 使淀粉糊化，糊化的淀粉溶液呈透明黏糊状。

（2）淀粉的接枝。在上述糊化淀粉溶液中加入环氧氯丙烷 0.5g，使其迅速分散均匀，用 2.0mol·L^{-1}的硝酸溶液调节 pH 至 1～2，升温至 80℃反应 1.5h，之后降温至 50℃。用 20mL 0.1mol·L^{-1}稀硝酸溶液溶解 2.5g 硝酸铈，在三口烧瓶中加入 15g 丙烯腈单体，在其中一个瓶口上装上分液漏斗，把之前配好的硝酸铈/稀硝酸混合溶液转入分液漏斗中缓慢滴加到三口烧瓶中，控制在 0.5h 内滴完，之后继续恒温反应 1.5h。停止加热并冷却至室温，然后把三口烧瓶中的反应物料转入 500mL 烧杯中，加入甲醇 50mL、乙醇 120mL，充分搅拌使淀粉接枝聚丙烯腈沉淀析出，经过滤、洗涤、干燥，计算所得产物的产量。

（3）淀粉接枝聚丙烯腈的水解。在装有搅拌器、冷凝管、温度计的 250mL 三口烧瓶中依次加入 6.3g 氢氧化钠和 160mL 蒸馏水，开动搅拌令氢氧化钠完全溶解，加入 6.0g 淀粉-聚丙烯腈接枝共聚物，搅拌分散均匀后逐渐升温至 97℃并恒温水解反应 4h，之后停止加热并降温至 60℃以下，过滤分离水解产物，先用水洗涤至 pH=9.0 左右，再用乙醇洗涤三次（每次 25mL）。把所得产物转入培养皿中，放进真空干燥箱干燥，称量其干燥后的质量。

（4）吸水率的测定。取 2g 吸水性树脂置于 500mL 烧杯中，加入 400mL 蒸馏水，于室温放置 24h。倒去可流动的水分，并计量其体积，可估计吸水性树脂的吸水率。

六、注意事项

0.1mol·L^{-1}稀硝酸溶液配制：2.0mol·L^{-1}硝酸溶液 1mL 与蒸馏水 19mL 配成。

七、思考题

（1）铈盐引发的接枝聚合反应有何特点？
（2）淀粉为什么先糊化后进行接枝聚合？
（3）水解过程中反应物料的颜色变化情况如何？说明了什么？
（4）淀粉接枝聚丙烯腈的水解产物为什么具有高吸水性？

实验 39　高抗冲聚苯乙烯的制备

一、实验目的

（1）熟悉本体悬浮法制备高抗冲聚苯乙烯（HIPS）的原理并掌握操作技能。

（2）认识自由基聚合制备接枝共聚物的方法。

二、预习要求及操作要点

（1）了解利用链转移机制制备接枝聚合物的方法。

（2）了解制备高抗冲聚苯乙烯的目的及操作要点。

三、实验原理

聚苯乙烯是具有良好的光学性能、优异的电学性能和加工流动性能的通用塑料，然而它的脆性大大限制了其适用范围。因此人们尝试各种方法对聚苯乙烯进行改性或利用其制备新的材料，如将聚苯乙烯与橡胶进行共混来改性，采用溶液聚合或乳液聚合将苯乙烯与丁二烯进行共聚制成丁苯橡胶，采用活性阴离子聚合制备 SBS 热塑性弹性体等。

在高抗冲聚苯乙烯中，脆性的聚苯乙烯中引入了韧性的接枝橡胶，就构成了既有一定亲和力又不完全互溶的两个相，即聚苯乙烯相和橡胶相。依靠适当的聚合工艺，可以控制橡胶粒子的大小，并使其均匀分散在聚苯乙烯连续相中。这种分散的橡胶相表现为包藏聚苯乙烯的网络的特殊结构，成为"蜂窝结构"。这种结构使得分散相的体积分数比橡胶自身的体积分数增加了 3～5 倍，因此强化了橡胶增韧的效果，同时由于包藏聚苯乙烯，分散相的模量比纯橡胶又明显提高，从而保证最终产品的模量不致因为有橡胶分散相而下降很多。因此，用此种方法得到的高抗冲聚苯乙烯模量和抗冲击性能，远高于用橡胶和聚苯乙烯共混得到的产品。高抗冲聚苯乙烯各种性能与橡胶含量、颗粒大小、相对分子质量等参数密切相关。

自由基接枝聚合制备接枝共聚物主要有以下几种方法：

（1）链转移机制的接枝聚合。这是最古老最常用的制备接枝共聚物的方法。在单体的存在下，自由基引发剂形成初级自由基或链自由基，与聚合物主链作用，在主链上产生活性中心，引发单体聚合形成接枝链。该方法的缺点是接枝的效率很低。

（2）聚合物双键上的接枝聚合。1, 3-二烯烃聚合物种中主链或侧基的碳碳双键是潜在的接枝点，双键旁边的烯丙基氢也能通过链转移反应形成自由基，进行接枝聚合。

（3）由大分子单体合成接枝共聚物。大分子单体与其他单体共聚时，可形成梳状的接枝共聚物。

（4）在聚合物的主链或侧基上直接形成接枝点引发接枝聚合。此法可大大提高接枝效率。

顺丁橡胶溶解在苯乙烯单体中形成均相透明的橡胶溶液，在适当条件下进行本体聚合。聚合发生以后，在苯乙烯均聚的同时，引发剂分解形成的初级自由基或苯乙烯的链自由基向橡胶链的烯丙基氢发生转移，从而生成大分子自由基，引发苯乙烯的聚合，形成顺丁橡胶和苯乙烯的接枝共聚物。当苯乙烯的转化率超过1%～2%时，由于聚合物的不相容性，聚苯乙烯从橡胶相中析出，肉眼可以看到体系由透明变得微浑。此时聚苯乙烯的量少，是分散相，分散在橡胶溶液相中。继续聚合，随着苯乙烯转化率的增大，体系越来越浑浊，同时黏度也越来越大，以致出现"爬杆"现象。当聚苯乙烯体积分数接近或大于橡胶相的体积分数时，在大于临界剪切速率的搅拌下，发生相反转，聚苯乙烯溶液由原来的分散相转变成连续相。由于此时聚苯乙烯的苯乙烯溶液黏度比原橡胶溶液小，故在相转变的同时体系黏度出现突然下降，原来的"爬杆"现象消失。刚发生相转变时，橡胶粒子不规整且颗粒很大，并有团聚的倾向。在剪切力的作用下，继续聚合，苯乙烯的转化率不断增加，体系黏度又重新上升，同时橡胶粒子逐渐变小，形态也逐渐完好和稳定，如图 7-1 所示。

以上这一过程是在本体阶段进行的，称为本体预聚阶段。在此阶段，苯乙烯的转化率为20%～25%。此时体系黏度变得很大，不利于搅拌和传热。因此，为了散热和设备的方便，其余的聚合采用悬浮聚合直至苯乙烯全部转化为聚苯乙烯为止。

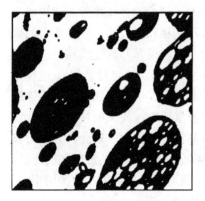

图 7-1　高抗冲聚苯乙烯的电子
　　　　显微镜照片（3000 倍）
白色表示 PS；黑色表示 PBD

四、实验仪器及试剂

仪器：三口烧瓶（150mL），搅拌器，回流冷凝管，温度计。

试剂：苯乙烯，顺丁橡胶，过氧化二苯甲酰，对苯二酚，叔十二硫醇。

五、实验步骤

1. 本体预聚合

（1）称取 4g 顺丁橡胶，剪碎后溶于装有 40g 苯乙烯的玻璃反应釜，待橡胶充分溶胀后装好反应釜、搅拌器、冷凝器等装置，调节水浴温度至 70℃，通氮气，缓慢搅拌 0.5～1.0h，使橡胶充分溶解。

（2）升温至 75℃，调节转速为 120r·min^{-1} 左右，加入 0.045g 过氧化二苯甲酰（溶于 3g 苯乙烯中）和 0.025g 叔十二硫醇，注意观察实验现象，反应约 0.5h，体系由透明变得微浑，取样测定苯乙烯的转化率，并在相差显微镜上观察。继续聚合，体系黏度逐渐变大，随之出现"爬杆"现象，待此现象消失（标志相转变完成），立即取样测定转化率，并用相差显微镜观察。

（3）继续聚合至体系为乳白色细腻的糊状物，反应时间约为 4h，停止反应，测定转化率，取样用相差显微镜观察。

（4）转化率的测定。在 10mL 小烧杯中放入 5mg 对苯二酚，连同烧杯在分析天平上称量（m_1），在此烧杯中加入预聚体约 1g，称量（m_2），此预聚体中加少量 95% 乙醇，在真空干燥箱中烘干，称量（m_3）

$$C=\frac{(m_3-m_1)-(m_2-m_1)\times w}{(m_2-m_1)-(m_2-m_1)\times w}\times 100\% \tag{7-19}$$

式中，w 为橡胶的质量分数。

2. 悬浮聚合

（1）在 150mL 三口烧瓶中加入 75mL 水、7mL 2% PVA 溶液，通氮气升温至 85℃后，将上述预聚体的一半加入溶有 0.1g 过氧化二苯甲酰的 2g 苯乙烯中，混匀后在搅拌下加入三口烧瓶中。此时预聚体被分散成珠状。

（2）聚合 4h 后，粒子开始下沉，再升温熟化。95℃下反应 1h，100℃下反应 1h。停止反应，冷却，出料。

（3）用 60～70℃的热水洗涤三次，冷水洗涤两次，抽滤，在 60～70℃的真空干燥箱中烘干。

六、注意事项

（1）注意观察相转变，要在相转变过后反应一段时间再停止预聚，否则影响产品的性能。

（2）预聚体要用苯乙烯稀释并加入引发剂，分散聚合时要调整好珠子粒度。

（3）多次测量转化率，可用同一个小烧杯。

七、思考题

（1）讨论橡胶接枝聚苯乙烯的反应机理。

（2）结合产物的微相结构，说明 HIPS 具有高抗冲性。

实验 40　聚氧化乙烯大分子单体的合成及其共聚

一、实验目的

(1) 学习聚氧化乙烯大分子单体的制备方法。

(2) 掌握溶液聚合这一基本聚合方法。

二、预习要求及操作要点

(1) 熟悉溶液聚合优缺点。

(2) 查找相关聚氧乙烯制备所用催化剂的种类。

三、实验原理

大分子单体本质上是带有聚合功能的线形聚合物，利用大分子单体作为中间体合成嵌段共聚物的技术已经十分成熟。聚氧化乙烯是一种具有水溶性和热塑性的非离子型线形高分子聚合物，具有絮凝、增稠、缓释、润滑、分散、助留、保水等性能，无毒，无刺激性。因此，在造纸、涂料、油墨、纺织印染、日化等行业均有着极为广泛的应用。由聚苯乙烯刚性疏水链段和聚氧化乙烯柔性亲水链段构成的共聚物体系具有特殊的溶液性能，因此，它们常作为乳化剂和相转移催化剂等而得到广泛的应用。溶液聚合是将单体溶于适当溶剂中加入引发剂（或催化剂），在溶液状态下进行的聚合反应。溶液聚合是高分子合成过程中一种重要的合成方法，一般在溶剂的回流温度下进行，可以有效地控制反应温度，同时可以借助溶剂的蒸发排散放热反应所放出的热量。

四、实验仪器及试剂

仪器：三口烧瓶，圆底烧瓶，搅拌器，回流冷凝管，温度计。

试剂：甲基丙烯酸甲酯，氢化钙，环氧乙烷，苯乙烯，四氢铝锂，三氟化硼-乙醚络合物，乙醚，甲苯，氯仿，苄基氯，庚烷。

五、实验步骤

1. 试剂的精制

甲基丙烯酸甲酯用前加氢化钙减压蒸出；环氧乙烷经脱醛精制后加氢化钙

保存在冰箱中，使用前蒸出；苯乙烯是聚合级单体，经 5% NaOH 水溶液和去离子水洗涤后，加无水 Na_2SO_4 干燥，用前加氢化钙，减压下蒸出；三氟化硼-乙醚络合物使用前加氢化钙和少量乙醚减压蒸出，收集 53～54℃、18mmHg 下的馏分。

2. 甲基烯丙醇合成

在三口烧瓶中加入 1200mL 无水乙醚和 19.0g 四氢铝锂，在搅拌下滴加 100mL 甲基丙烯酸甲酯，控制反应温度低于 5℃，待滴加完毕，继续搅拌 15min 后，滴加含水乙醚（2%），反应混合物（浆状）倾倒于 1500mL 10%硫酸水溶液中，分离乙醚层，水层用乙醚洗涤，洗涤液合并后加无水 Na_2SO_4 干燥，蒸去乙醚，收集粗醇产物。粗产物经进一步干燥后，用刺型分馏柱分馏即得到甲基烯丙醇。

3. 甲基烯丙醇钠合成

反应瓶经抽真空充氮气，减压下使金属钠与过量的甲基烯丙醇反应，反应结束后，减压蒸馏除去过量的醇，低于 80℃下真空干燥，得到白色固体醇钠。

4. 大分子单体制备

加入化学计量的烯丙醇钠和甲苯，抽真空充氮气后，注入环氧乙烷，聚合于 60℃，聚合完成后，用苄基氯终止反应，用庚烷沉析，真空干燥。粗产物加水溶解，用氯仿萃取，氯仿层浓缩，真空干燥。

5. 大分子单体与苯乙烯阳离子共聚

圆底烧瓶高温烘干后，抽真空并充氮气处理，用针筒注入计量的大分子单体溶液和苯乙烯，加入引发剂三氟化硼-乙醚络合物，于恒温水浴中进行聚合，反应结束后，用庚烷沉淀粗产物，真空干燥。

六、注意事项

（1）水分含量的多少关系到产物相对分子质量的大小，若水分含量过高，聚合得到的聚氧化乙烯相对分子质量太低，因此要严格控制所用试剂的水分含量。

（2）在连接装置过程中，各个接口必须严格密封，为此可用生料带（或高真空硅脂）将磨口包住后再进行连接。装置运行开始，要检查其气密性，并且装置安装好后最好不要拆卸。

（3）所用保护氮气必须经过除水精制，否则不能达到溶剂脱水的目的。

七、思考题

（1）溶液聚合优缺点各是什么？
（2）为什么各试剂都要进行提纯操作？

实验 41　室温硫化硅橡胶

一、实验目的

（1）学习室温条件下硅橡胶的制备方法。
（2）强化基本实验操作训练。

二、预习要求及操作要点

（1）认识硅橡胶的种类及其与普通橡胶的区别。
（2）实验含有危险药品，注意使用安全。

三、实验原理

硫化硅橡胶（RTV）是 19 世纪 60 年代问世的一种新型的有机硅弹性体，这种橡胶最显著的特点是在室温下无须加热、加压即可就地固化，使用极其方便，成为整个有机硅产品的一个重要组成部分。

硫化硅橡胶是一种新型的有机硅弹性体，用于制造脱醇型、脱乙酸型、脱酮肟型的单组分、双组分密封胶等，它有非常好的脱模性，特别适于制造精密模具，还可用于电子灌封胶，作为绝缘材料。在 $-60 \sim 250\,^{\circ}\mathrm{C}$ 范围内，不仅能保持一定的柔软性、回弹性、表面硬度和机械性能，而且能抵抗长时间的热老化，具有优良的电绝缘性、耐候性、耐臭氧和透气性，无毒无味，特别是加成型室温硫化硅橡胶不用极性化合物作原料，交联时又无副产物释放，故能在苛刻的条件下保持更佳的电气性能。

加成型室温硫化硅橡胶以含乙烯基的有机硅聚硅氧烷作为基础聚合物，含硅氢键的有机硅聚硅氧烷作为交联剂，铂为催化剂，在室温下反应，形成交联网状结构，硫化机理表现为加成反应原理模式。

$$
\begin{array}{c}
\underset{\displaystyle\underset{CH_3}{|}}{\overset{\displaystyle\overset{CH_3}{|}}{H_3C-Si-O}}\left[\!\!\begin{array}{c}\overset{\displaystyle CH_3}{|}\\Si-O\\\underset{\displaystyle CH_3}{|}\end{array}\!\!\right]_{\!a}\left[\!\!\begin{array}{c}\overset{\displaystyle CH_3}{|}\\Si-O\\\underset{\displaystyle H}{|}\end{array}\!\!\right]_{\!b}\underset{\displaystyle\underset{CH_3}{|}}{\overset{\displaystyle\overset{CH_3}{|}}{Si-CH_3}}
\end{array}
$$

$$+$$

$$
HO-\underset{\displaystyle\underset{CH_3}{|}}{\overset{\displaystyle\overset{CH_3}{|}}{Si}}-O\left[\!\!\begin{array}{c}\overset{\displaystyle CH_3}{|}\\Si-O\\\underset{\displaystyle CH_3}{|}\end{array}\!\!\right]_{\!c}\left[\!\!\begin{array}{c}\overset{\displaystyle CH_3}{|}\\Si-O\\\underset{\displaystyle HC=CH_2}{|}\end{array}\!\!\right]_{\!d}\underset{\displaystyle\underset{CH_3}{|}}{\overset{\displaystyle\overset{CH_3}{|}}{Si}}-OH
$$

$$\downarrow Pt \qquad\qquad (7\text{-}20)$$

$$
H_3C-\underset{\displaystyle\underset{H_3C}{|}}{\overset{\displaystyle\overset{H_3C}{|}}{Si}}-O-\underset{\displaystyle\underset{CH_3}{|}}{\overset{\displaystyle\overset{CH_3}{|}}{Si}}-O\left[\!\!\begin{array}{c}\overset{\displaystyle CH_3}{|}\\Si-O\\\underset{\displaystyle CH_2}{|}\end{array}\!\!\right]_{\!n}\underset{\displaystyle\underset{CH_3}{|}}{\overset{\displaystyle\overset{CH_3}{|}}{Si}}-CH_3
$$

$$
HO-\underset{\displaystyle\underset{CH_3}{|}}{\overset{\displaystyle\overset{CH_3}{|}}{Si}}-O\left[\!\!\begin{array}{c}\overset{\displaystyle CH_2}{|}\\Si-O\\\underset{\displaystyle CH_3}{|}\end{array}\!\!\right]_{\!x}\left[\!\!\begin{array}{c}\overset{\displaystyle CH_3}{|}\\Si-O\\\underset{\displaystyle CH_3}{|}\end{array}\!\!\right]_{\!y}\underset{\displaystyle\underset{CH_3}{|}}{\overset{\displaystyle\overset{CH_3}{|}}{Si}}-OH
$$

四、实验仪器及试剂

仪器：搅拌器，回流冷凝管，三口烧瓶，温度计，抽滤瓶，圆底烧瓶。

试剂：乙烯基硅油（黏度 5Pa·s，乙烯基质量分数 0.3%），含氢硅油（氢含量 1.56%），白炭黑，二乙烯基四甲基二硅氧烷，四乙烯基四甲基环四硅氧烷（VMC），八甲基环四硅氧烷（D4），浓硫酸，碳酸氢钠，氯化钙，氯铂酸。

五、实验步骤

1. 催化剂的合成

将 1g 氯铂酸与 50g 二乙烯基四甲基二硅氧烷加入 250mL 带搅拌装置、回流冷凝管和温度计的三口烧瓶中，升温到 120℃，搅拌 1h 后，冷却至室温，滤去铂黑沉淀，再加入 70g 二乙烯基四甲基二硅氧烷，搅匀，水洗后，再用碳酸氢钠处理，并用无水氯化钙干燥，即得铂的二乙烯基四甲基二硅氧烷络合物催化剂。

2. 含氢硅油的调聚

将 D4、含氢硅油和浓硫酸按一定比例加入带电磁搅拌和回流冷凝管的圆底烧瓶中，在室温下搅拌 5h 后，静置分层，除去酸水层，将油层用水洗至中性，并用无水氯化钙干燥，得无色透明水解物，反应方程式如下：

$$Me_3SiO(MeHSiO)_bSiMe_3+\frac{a}{4}(Me_2SiO)_4 \xrightarrow{H^+} Me_3SiO(Me_2SiO)_a(MeHSiO)_bSiMe_3 \quad (7-21)$$

3. 多乙烯基硅油的合成

在一只装有温度计、分水器、冷凝器和机械搅拌装置的 500mL 三口烧瓶中，以一定比例加入 D4 和 VMC，KOH 催化剂用量为 D4 和 VMC 总量的 0.01%，开动搅拌，将油浴升温至 130℃，同时通干燥氮气，以除去系统中的少量水。当聚合时间达到预定时间后，加入约为 D4 用量 0.01%的蒸馏水，体系产生大量气泡，黏度开始慢慢减小。水解 180min 后，体系黏度趋于恒定，停止反应。反应方程式如下：

$$H_2O+\frac{n}{4}(Me_2SiO)_4+\frac{m}{4}(MeViSiO)_4 \xrightarrow{H^+或OH^-} HOMe_2SiO(Me_2SiO)_{n-2}(MeViSiO)_mSiMe_2OH$$

$$(7-22)$$

4. 硅橡胶的制备

将乙烯基硅油与白炭黑按一定比例混合均匀后，减压以除去可能残存的低沸点物质，一部分与一定比例的含氢硅油混合，另一部分与一定比例的催化剂混合，然后将等量的两组分混合，搅拌均匀，在室温下放置 24h，即得室温硫化硅橡胶。

六、注意事项

交联剂添加量不能过多。

七、思考题

（1）描述橡胶的硫化方法。
（2）为什么要控制交联剂用量？
（3）影响硅橡胶性能的因素有哪些？

实验 42　聚乙烯表面接枝聚乙烯基吡咯烷酮

一、实验目的

（1）掌握聚乙烯表面接枝改性的方法和原理。
（2）认识聚乙烯表面接枝改性后的应用领域。

二、预习要求及操作要点

（1）了解一般聚合物的表面性质表征手段。

（2）了解光接枝法在聚合物表面改性中的应用。

三、实验原理

聚烯烃是一类用途广泛的高分子材料，但是它们的极性普遍较低，往往限制了它们的使用。例如，聚乙烯、聚丙烯和聚对苯二甲酸乙二醇酯等包装材料在使用过程存在难印刷和难黏结的问题，在印刷前需要进行特殊处理，然后使用昂贵的油墨，成本高且印刷质量差。作为农用薄膜的聚乙烯因表面张力小，容易形成雾滴，从而降低薄膜的透光效果。作为布料纤维使用时，纯的聚丙烯和聚对苯二甲酸乙二醇酯等因染色问题不能商业化。

表面接枝改性是在保持材料原性能的前提下，通过材料表面的接枝聚合从而达到改善其表面性能的过程，包括提高表面极性、亲水性和黏合性等。其他的表面改性手段还有表面涂敷法、表面化学处理法和射线辐照法等。以紫外光引发的表面接枝聚合具有两个突出特点：

（1）与高能辐射相比，紫外光对材料的穿透能力低，接枝聚合可严格限定在材料的表层，不会损坏材料的本体性能。

（2）紫外辐射的光源和光接枝聚合设备成本低，易于连续化操作，极富工业发展前景。

进行表面接枝聚合的首要条件是在材料表面生成引发中心（多为自由基），表面自由基的产生有三种方式：

（1）含光敏基团的聚合物光照分解。含光敏基团（如羰基）的聚合物在吸收一定波长的紫外光后发生反应，产生的表面自由基可以引发烯类单体聚合，同时生成接枝共聚物和均聚物。

（2）自由基链转移。安息香类光引发剂在紫外光照射下发生均裂产生两种自由基，在单体浓度很低时，自由基向聚合物发生链转移反应，从而在表面生成聚合物自由基，进而引发单体聚合形成表面接枝链。

（3）夺氢反应。芳香酮及其衍生物（如二苯甲酮）吸收紫外光后跃迁到激发态，夺取聚合物表面的氢而被还原成羟基，同时在聚合物表面生成自由基。这种芳香酮的光还原反应可以定量进行，一个芳香酮分子可以产生一个表面自由基，表面自由基的活性较大，可以达到较高的接枝效率。这种方法可以应用于所有有机材料的表面接枝。

光接枝反应可以采用气相法和液相法。气相法是在密闭容器中进行，加热使反应组分形成蒸气，因而自屏蔽效应小，由于单体浓度低，接枝效率高，但是反应时间长。液相法是将光敏剂、单体等溶解在适当溶剂中，直接将聚合物置于溶液中进行光接枝聚合，这种方法反应时间短，但是单体的接枝效率低。

四、实验仪器及试剂

仪器：高压汞灯（1000W），石英玻璃，小暗箱。

试剂：聚乙烯薄膜（厚度 0.06mm），二苯甲酮，丙酮，乙烯基吡咯烷酮。

五、实验步骤

1. 一步法

将 0.2g 二苯甲酮溶解于 20.0g 乙烯基吡咯烷酮中，然后将溶液倒入直径为 7cm 的培养皿中，溶液高度约为 0.5cm，将一块大小适当的聚乙烯薄膜浸入溶液中，盖上石英玻璃片。将高压汞灯放入小暗箱中，然后将样品置于汞灯 20cm 处，经紫外光照射 5min 后取出，用丙酮和热蒸馏水洗涤除去残余的光敏剂、单体和均聚物，真空干燥，称量，计算接枝量。

2. 两步法

将 2.0g 二苯甲酮溶解于 18.0g 丙酮中，将溶液倒入直径为 7cm 的培养皿中。溶液高度约为 0.5cm，将一块大小适当的聚乙烯薄膜浸入溶液中，盖上石英玻璃片。将样品置于汞灯 20cm 处，经紫外光照射 40min 后取出，用丙酮洗涤除去残余的光敏剂，晾干后得到含光敏基团的聚乙烯薄膜。另取一培养皿，加入乙烯基吡咯烷酮约 0.5cm 高，将上述薄膜浸于其中，盖上石英玻璃片。将样品置于汞灯 20cm 处，经紫外光照射 5min 后取出，用热蒸馏水洗去表面残余单体和均聚物，真空干燥，称量，计算接枝量。

3. 表面接枝的表征

测定聚乙烯薄膜在接枝前后的红外光谱并加以比较，薄膜接枝后应出现 $1673cm^{-1}$ 羰基吸收峰。

六、注意事项

操作中注意紫外光的辐射防护。

七、思考题

（1）试设计简单的方法比较接枝前后薄膜亲水性的差异。

（2）比较上述两种光接枝方法有什么不同。

（3）查阅文献，列出材料表面性质所包括的内容。

实验 43　炭黑的表面接枝改性

一、实验目的

（1）认识炭黑材料的表面接枝改性途径。

（2）掌握炭黑表面基团类型及反应特点。

二、预习要求及操作要点

（1）了解炭黑的基本组成及表面元素种类。

（2）要充分重视炭黑的预处理步骤。

三、实验原理

炭黑是极其重要的工业材料，被广泛应用于橡胶、塑料、涂料和油墨等行业，如作为橡胶的填料制造轮胎和防静电涂层。炭黑表面存在许多极性基团，如羟基、羧基和羰基等，可以利用它们进行炭黑的表面改性。炭黑在许多聚合物基体和溶剂中容易发生聚集，导致它在基体中分散不均匀，给材料的性能带来不利影响。聚合物接枝改性是改善炭黑粒子与聚合物材料相容性的优良方法，根据炭黑的应用场合，可使用亲水性单体或亲油性单体对炭黑进行改性。由于炭黑表面存在许多极性基团，并对自由基聚合反应存在一定阻聚作用，因此自由基接枝聚合之前需要对炭黑表面做进一步的预处理，使其表内覆盖一层惰性分子，从而抑制这些基团的阻聚作用。

本实验先使用二异氰酸酯对炭黑表面进行预处理，并使其具有异氰酸酯基团，然后进行丙烯酸和甲基丙烯酸羟乙酯的自由基聚合，获得丙烯酸酯接枝的炭黑。

四、实验仪器及试剂

仪器：索氏抽提装置，三口烧瓶，烧瓶，机械搅拌器，电磁搅拌器，通氮系统，回流冷凝管，温度计。

试剂：炭黑，丙烯酸，甲基丙烯酸羟乙酯，N-甲基吡咯烷酮，甲苯，甲苯二异氰酸酯，丙二酸二乙酯，三乙胺，过氧化苯甲酰。

五、实验步骤

1. 炭黑的预处理

炭黑中的成分较为复杂，使用前需要经过处理。以甲苯作为溶剂，将炭黑置于索氏抽提器中抽提 24h，然后置于真空烘箱中 50℃干燥至恒量，保存于干燥器中待用。

2. 丙烯酸酯预聚体的合成

在 250mL 三口烧瓶上装配冷凝管、温度计、滴液漏斗和氮气导管，反应装置图如图 7-2 所示。加入 N-甲基吡咯烷酮 50mL，通氮气保护，升温至 90℃。称取 6.0g 甲基丙烯酸羟乙酯和 24.0g 丙烯酸，然后向单体中加入 0.15g 过氧化苯甲酰，搅拌混合均匀，然后在电磁搅拌下将含引发剂的混合单体在 1h 内加入反应体系中，继续反应 1.5h，得到丙烯酸酯预聚体。

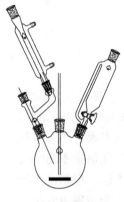

图 7-2　实验装置

3. 炭黑接枝聚丙烯酸酯

在 150mL 三口烧瓶上装配冷凝管、温度计、机械搅拌器和氮气导管，反应装置图如图 7-2 所示。加入 10mL N-甲基吡咯烷酮、5mL 丙二酸二乙酯和 2mL 三乙胺，在干燥氮气气流保护下加入 1mL 甲苯二异氰酸酯，在 90℃反应 1.5h，加入 25.0g 丙烯酸酯预聚体后继续反应 0.5h，然后升温至 140℃，加入 2.0g 炭黑，反应 1h 降低温度至室温，产物经过滤、洗涤后置于索氏抽提器中以水作为溶剂抽提 24h，真空 50℃干燥至恒量，计算接枝率和接枝效率。

六、注意事项

炭黑表面成分复杂，杂质较多，必须进行预处理。

七、思考题

（1）画出丙烯酸酯预聚体制备的反应装置图。

（2）在接枝聚合之前加入甲苯二异氰酸酯进行处理，使用甲苯异氰酸酯是否可行？

实验 44　苯乙烯-甲基丙烯酸甲酯自由基共聚反应竞聚率的测定

一、实验目的

（1）认识共聚反应的原理。

（2）掌握共聚反应竞聚率的测定方法。

二、预习要求及操作要点

（1）了解共聚反应竞聚率的测定方法及原理。
（2）操作要点是对转化率的控制。

三、实验原理

共聚反应是由多种单体参与的、生成含多种重复结构单元的聚合反应，共聚产物称为共聚物。共聚物可分为无规共聚物、交替共聚物、嵌段共聚物和接枝共聚物四种类型。通过共聚反应的研究能够确定单体、自由基、羰阳离子和羰阴离子的活性，通过共聚还可以改进聚合物的性能，从而可以得到性能各异、种类繁多的高分子材料。

共聚物组成单体浓度和单体的竞聚率有关，其关系可用共聚组成方程的微分式（Mayo 方程）和积分式来表示。共聚组成方程的微分式表示在共聚反应的某一时刻，瞬时生成共聚物的组成与该时刻单体组成之间关系，可采用动力学方法和统计学方法推导，其成立条件为链增长反应不可逆、增长链自由基的活性仅取决于末端单元种类。共聚组成方程的积分式则表示在共聚反应的某个阶段内，生成共聚物的平均组成与该阶段起始时刻的单体组成之间的关系。

根据单体竞聚率的乘积（r_1r_2）大小，共聚反应可分为：①理想共聚（$r_1r_2=1$），大多数离子共聚具有理想共聚特征，此时单体进入共聚物链的概率是相同的；②交替共聚（$r_1=r_2=1$），此时只能交叉增长，共聚组成与单体无关；③非理想共聚体系（$0<r_1r_2<1$），共聚行为介于理想和交替共聚之间，当 r_1r_2 均小于 1 时，存在恒比共聚；④嵌段共聚（$r_1>1$，$r_2>1$），单体将趋向于形成较长的同种单元组成的链段。

利用共聚组成方程的微分式，在低转化率下（<5%）得到共聚物，并测定共聚物的组成，再根据单体加入量获得单体组成，由不同的计算方法可求得竞聚率，最常见的为斜率-截距法。例如，令 $X=[M_1]/[M_2]$，$Y=d[M_1]/d[M_2]$，$G=X(Y-1)/Y$，$F=X^2-Y$。可将共聚组成方程的微分式变形为 $G=r_1F-r_2$。将 G 对 F 作图，从斜率和截距可以分别得到 r_1 和 r_2。

一般情况下竞聚率与反应介质无关，乳液或悬浮聚合测定的竞聚率与溶液聚合或本体聚合测定值存在一定差异，这是由于反应微区的局部单体配比与总配比不相同。单体竞聚率对温度不太敏感，但是温度增加共聚的选择性降低。单体及其链自由基的活性与取代基的共轭效应和极性有关，并可用 Q-e 方程（Q 代表单体的活性，e 代表单体的极性）进行半定量描述。

本实验采用本体封管聚合方法,以不同配比进行苯乙烯和甲基丙烯酸甲酯的自由基共聚反应,控制转化率低于5%,分离出混合物,由核磁共振氢谱测定共聚物组成,进而计算出单体的竞聚率。本实验中,每一配比的共聚反应,共聚物纯化及组成测定由一位同学完成,最后综合所有实验结果,计算竞聚率。

四、实验仪器及试剂

仪器:封管,真空系统,通氮系统,布氏漏斗。

试剂:苯乙烯,甲基丙烯酸甲酯,过氧化苯甲酰,乙醇。

五、实验步骤

1. 单体精制

固体单体常用的纯化方法为结晶和升华,液体单体可采用减压蒸馏、在惰性气氛下分馏的方法进行纯化,也可以用制备色谱分离纯化单体。单体中的杂质可采用下列措施除去:酸性杂质(包括阻聚剂酚类)用稀碱溶液洗涤除去,碱性杂质(包括阻聚剂苯胺)可用稀酸溶液洗涤除去;单体中的水分可用干燥剂除去,如无水 $CaCl_2$、无水 Na_2SO_4、CaH_2 或钠;单体通过活性氧化铝、分子筛或硅胶柱,其中含羰基和羟基的杂质可以除去;采用减压蒸馏法除去单体中的难挥发杂质。

单体的纯度可以用化学分析法、物理常数法、光谱分析法和色谱分析法进行测定。

1)苯乙烯(商品中含对苯二酚、水分和聚合物)

在 100mL 分液漏斗中加入 50mL 苯乙烯单体,用 15mL NaOH 溶液(5%)洗涤三次,苯乙烯略带黄色。用蒸馏水洗涤至中性,分离出的单体置于锥形瓶中,加入无水硫酸钠至液体透明。干燥后的单体进行减压蒸馏,收集 59~60℃、53.3kPa 的馏分。

2)甲基丙烯酸甲酯(商品中含对苯二酚、水分和甲基丙烯酸等)

在 100mL 分液漏斗中加入 50mL 甲基丙烯酸甲酯单体,用 15mL NaOH 溶液(5%)洗涤三次,苯乙烯略带黄色。用蒸馏水洗涤至中性,分离出的单体置于锥形瓶中,加入无水硫酸钠至液体透明。干燥后的单体进行减压蒸馏,收集 39~41℃、107.7kPa 的馏分。若单体暂时不用,可储存在烧瓶中,充氮封存,置于冰箱中。

3)过氧化苯甲酰的精制

向 100mL 的烧杯中加入 6g 过氧化苯甲酰,在搅拌条件下逐滴加入氯仿约25mL,稍加热使其溶解,如有不溶物时趁热过滤,向澄清的溶液中加入甲醇(50~100mL),有过氧化苯甲酰晶体析出,过滤,固体用甲醇洗两次,抽干,置于真空干燥器内除溶剂。

2. 合成共聚物

按照表 7-1 配制单体混合液, 质量为 5.0g, 然后加入 5mg 过氧化苯甲酰, 搅拌使引发剂溶解。按照封管聚合的方法, 将单体混合液加入封管中, 加入一颗磁力转子, 封管后, 置于 60℃油浴中电磁搅拌, 反应 30min。敲开封管, 用 100mL 乙醇将聚合物沉淀, 过滤, 用乙醇充分洗涤沉淀, 必要时可以重新溶解-沉淀进行进一步纯化。最后在 50℃真空烘箱中干燥 6h, 计算单体的转化率, 用氘代氯仿作为溶剂测定共聚物核磁共振氢谱, 确定共聚物组成。

表 7-1　苯乙烯-甲基丙烯酸甲酯共聚反应

编号	X（ST/MMA）单体物质的量比	ST 质量/g	MMA 质量/g	转化率/%	Y（ST/MMA）共聚物组成	F	G
1	9/1						
2	8/2						
3	7/3						
4	6/4						
5	5/5						
6	4/6						
7	3/7						
8	2/8						
9	1/9						

六、注意事项

（1）注意控制反应温度, 保温阶段是实验成败的关键。

（2）控制搅拌速率, 以防止发生粘连。

七、思考题

（1）如何从核磁共振氢谱得到共聚物的组成?

（2）采取共聚方程微分式测定竞聚率时单体转化率为什么要求低于 5%?

实验 45　温度及酸碱敏感性互穿网络水凝胶的制备

一、实验目的

（1）加强认识制备网络水凝胶的原理和方法。

（2）学习水凝胶的性质及其应用。

二、预习要求及操作要点

（1）查阅水凝胶相关资料并了解其结构、性能等信息。

（2）预习 AIBN 的引发过程及 BMA 的交联原理。

三、实验原理

敏感性水凝胶是一种在溶剂中只溶胀不溶解的智能型材料，当外界环境如温度、离子强度、pH、电场、光和磁场等发生微小变化时，它能通过自身特有的亲水性高分子交联网络结构而发生体积膨胀或收缩。敏感性水凝胶的这些特点使其在药物控释、物质分离提纯、活性酶包埋等领域有着广泛的应用前景。

近年来由于多肽药物、基因药物的出现，人们对具有温度、pH 敏感性，尤其是具有双重敏感性的水凝胶的制备和应用研究给予了极大的关注。为了制得这种具有双重敏感性的水凝胶，一般的思路是在聚合物中引入 2 个分别具有温度和 pH 敏感性的单体，合成的方法有共聚、互穿聚合物网络（IPN）等。采用 IPN 技术制得的聚合物由单体各自独立的聚合物链组成，因而可综合两种单体的优点，能很好地体现温度和 pH 双重敏感性。若敏感性水凝胶的用途是药物的控释，则要求水凝胶还应具有良好的生物相容性，使其能与药物和生物体完美结合。

本实验以具有 pH 敏感性的丙烯酸（AA）、具有温敏性的甲基丙烯酸 β-羟基乙酯（HEMA）和具有生物相容性的 N-乙烯基吡咯烷酮（NVP）为单体，采用 INP 技术合成了同时具有温度和 pH 双重敏感性的水凝胶，并研究了水凝胶的溶胀性能。

四、实验仪器及试剂

仪器：超级恒温水浴（±0.5℃）。

试剂：丙烯酸、甲基丙烯酸 β-羟基乙酯、N-乙烯基吡咯烷酮均经减压蒸馏提纯，偶氮二异丁腈，所有试剂均为分析纯。

五、实验步骤

量取 25mL 甲基丙烯酸 β-羟基乙酯和 $0.5mol \cdot L^{-1}$ N-乙烯基吡咯烷酮溶于 10mL 蒸馏水中，加入质量分数（以单体总质量计）为 1%的偶氮二异丁腈作引发剂、5% 的 MBA 作交联剂，通氮气 20min，使反应体系在无氧条件下充分溶解，随后迅速密封反应体系并置于 60℃恒温水浴中反应 24h，制得透明水凝胶。将其在蒸馏水中浸泡 7 天（每天换水一次）以除去未反应的单体和线形聚合物，在室温下风干 2 天，然后在 60℃真空干燥箱中干燥至恒量，得到干凝胶。

将制得的干凝胶放入溶有 0.3mL 丙烯酸的 10mL 蒸馏水中，加入质量分数（以 AA 质量计）为 5%的 MBA 作交联剂，在室温下浸泡 36h 后再加入 1%的 AIBN 作引发剂，通氮气 20min 后迅速密封反应体系并置于 60℃的恒温水浴中反应 24h，所得产物即为 P(NVP-co-HEMA)/PAA，IPN 水凝胶。用上述相同的方法浸泡和干燥处理，得到干燥的水凝胶，用刀片将其切成 1~3mm 厚的圆片备用。

六、注意事项

（1）此反应体系必须是无氧体系，因此必须保证体系的密封性。

（2）必须将透明水凝胶在蒸馏水中浸泡 7 天，以保证充分除去未反应的单体和线形聚合物。

七、思考题

（1）分析温度和酸碱度对水凝胶的制备有什么影响。

（2）谈谈水凝胶有哪些应用。

第8章 高分子化学综合型实验

高分子化学综合实验是在前期高分子验证性实验基础上的进一步扩展。验证性实验虽然有利于掌握程序、熟练使用有关仪器设备，但不利于启发思维和培养创新意识，不利于培养分析问题和解决问题的能力。因此，在传统的高分子化学验证性实验的基础上，开设一些综合性、设计性实验，将高分子材料的合成、表征与性能测试联系在一起，是非常有必要的。

本章的高分子综合实验涵盖了高分子化学、高分子物理和高分子材料三类专门化实验，但绝不是三类专门化实验的简单加和，在原基础上的简单删减显然也不合适。要做到以有限的实验达到比较全面有效的训练效果，尤其强调综合性，向科研实验过渡或直接采用开放性研究实验。经过反复酝酿与比较，首先将高分子综合实验分为两种类型：综合性实验和研究性实验。综合性实验放在本章的前面，是一些比较经典、适于教学的实验，内容不一定要求非常新，但要能较为全面地涵盖高分子学科的基本知识点和学生必须掌握的各种实验技术、方法和表征手段，使学生通过综合性实验的训练，能基本具备独立开展科研工作的能力。

第二部分为研究性实验，大多数由教研室实验指导教师的科研工作转化而来，直接来源于一线研究，密切关注研究的前沿成果并紧跟学科的研究方向。这部分内容新颖，侧重于新知识点的引入，并能够反映当今高分子学科的研究领域、方向和趋势。通过研究性实验，不仅培养学生的研究兴趣，更注重科研能力和创新思维的培养，使有志于将来从事高分子科学研究的学生能够尽快入门。目前主要涉及以下几方面的实验：①高分子阻燃材料的设计与制备；②聚烯烃木塑复合材料的设计与制备；③高分子膜的设计与制备；④高分子胶黏剂的合成与标准。

实验 46 双酚 A 型环氧树脂合成及环氧值测定

一、实验目的

（1）掌握双酚 A 型环氧树脂的合成方法。

（2）掌握环氧值的测定。

二、预习要求及操作要点

（1）了解双酚 A 型环氧树脂的合成方法。

（2）了解环氧树脂的性能和使用方法。

三、实验原理

环氧树脂为含有环氧基团的聚合物，它的种类很多，如环氧氯丙烷与酚醛缩合物反应生成的酚醛环氧树脂，环氧氯丙烷与甘油反应生成的甘油环氧树脂，环氧氯丙烷与双酚 A（2,2-二酚基丙烷）反应生成的双酚 A 型环氧树脂，其中以双酚 A 型环氧树脂产量最大，用途最为广泛。双酚 A 型环氧树脂的合成反应如下：

$$\tag{8-1}$$

反应生成物是由环氧氯丙烷与双酚 A 在氢氧化钠作用下聚合而得的。原料配比不同、反应条件不同，可制得不同软化点、不同相对分子质量的环氧树脂。工业上将软化点低于 50℃（平均聚合度小于 2）的称为低相对分子质量树脂或软树脂；软化点在 50～95℃之间（平均聚合度在 2～5）的称为中等相对分子质量树脂；软化点高于 100℃（平均聚合度大于 5）的称为高相对分子质量树脂。

环氧树脂在未固化前为热塑性的线形结构，强度低，使用时必须加入固化剂。固化剂与环氧基团反应，从而形成交联的网状结构，成为不溶不熔的热固性制品，具有良好的机械性能和尺寸稳定性。环氧树脂的固化剂种类很多，不同的固化剂，相应的交联反应不同。乙二胺为室温固化剂，其固化机理如下：

$$H_2N-CH_2-CH_2-NH_2 + H_2C-CH-CH_2 \text{\scriptsize wwww} \longrightarrow$$

（以环氧乙烷表示）

$$\text{wwww}CH_2-\underset{OH}{CH}-CH_2 \qquad\qquad CH_2-\underset{OH}{CH}-CH_2\text{wwww}$$

$$N-CH_2-CH_2-N \qquad\qquad (8\text{-}2)$$

$$\text{wwww}CH_2-\underset{OH}{CH}-CH_2 \qquad\qquad CH_2-\underset{OH}{CH}-CH_2\text{wwww}$$

乙二胺的用量为

$$G = \frac{M}{H_n} \times E = 15E \qquad\qquad (8\text{-}3)$$

式中，G 为每100g 环氧树脂所需的乙二胺的质量；M 为乙二胺的相对分子质量；H_n 为乙二胺的活泼氢总数；E 为环氧树脂的环氧值。固化剂的实际使用量一般为计算值的1.1倍。作为固化剂的还有其他多元胺，此外，多元硫醇、氰基胍、二异氰酸酯、邻苯二甲酸酐和酚醛预聚物等也可以作为固化剂。

环氧树脂中含有羟基、醚键和极为活泼的环氧基团，这些高极性的基团使环氧树脂与胶接材料的界面上产生较强的分子间作用力（氢键、路易斯酸碱作用等）和化学键，因此环氧树脂具有很强的黏合力。环氧树脂的抗化学腐蚀性、力学和电性能都很好，对许多不同的材料具有突出的黏结力，有"万能胶"之称。环氧树脂的应用可以大致分为涂覆材料和结构材料两大类。涂覆材料包括各种涂料，如汽车、仪器设备的底漆等，水性环氧树脂涂料用于啤酒和饮料罐的涂覆。结构材料主要用于导弹外套、飞机的舵及折翼，油、气和化学品运送管道等。层压制品用于电器和电子工业，如线路板基材和半导体器件的封装材料。本实验以环氧丙烷与双酚 A 作为原料制备环氧树脂。

四、实验仪器及试剂

仪器：三口烧瓶，回流冷凝管，搅拌器，减压蒸馏装置，滴定管。

试剂：环氧氯丙烷，双酚 A，氢氧化钠，盐酸，苯，盐酸-丙酮溶液（0.2mol·L^{-1}），氢氧化钠标准溶液（0.2mol·L^{-1}），丙酮，酚酞溶液。

五、实验步骤

1. 环氧树脂的制备

（1）向装有搅拌器、回流冷凝管和温度计的 150mL 三口烧瓶中加入 27.8g 环氧氯丙烷（0.3mol）和 13.7g 双酚 A（约 0.06mol）。水浴加热到 75℃，开动搅拌，使双酚 A 全部溶解。

（2）取 6g 氢氧化钠溶于 15mL 蒸馏水中配成碱液，将碱液加入滴液漏斗中，在回流冷凝管上方向三口烧瓶中缓慢滴加氢氧化钠溶液，保持温度在 70℃ 左右，约 0.5h 滴加完毕。

（3）在 75~80℃ 继续反应 1.5~2h，此时液体呈乳黄色。

（4）停止反应，冷却至室温，向反应瓶中加入蒸馏水 30mL 和苯 60mL，充分搅拌后用分液漏斗静置并分离出水分，再用蒸馏水洗涤数次，直至水相为中性且无氯离子。分出的有机层，常压蒸馏除去大部分苯，然后减压蒸馏除去剩余溶剂、水和未反应的环氧氯丙烷，得到淡黄色黏稠的环氧树脂。

2. 环氧值的测定

环氧值为每 100g 环氧树脂中含环氧基团的物质的量。对于相对分子质量小于 1500 的环氧树脂，其环氧值可由盐酸-丙酮法测定。环氧基团在盐酸-丙酮溶液中被盐酸开环，消耗等物质的量的 HCl，通过测定消耗的 HCl 的量，就可以得到环氧值。

（1）准确称量 0.50g 环氧树脂，放入 250mL 磨口锥形瓶中，用移液管加入 $0.2mol \cdot L^{-1}$ 的盐酸-丙酮溶液 25mL，装配上回流冷凝管和干燥管，缓慢搅拌使其溶解。

（2）用电热套加热回流 30min，再用少量丙酮冲洗冷凝管，冷却至室温。

（3）加入 3~5 滴 0.1% 的酚酞溶液作为指示剂，用 $0.1 \sim 0.5mol \cdot L^{-1}$ 的 KOH 或 NaOH 标准溶液滴定至浅粉红色（15~30s 内不褪色）。用相同方法进行空白滴定，由此得到环氧值 E

$$E=(V_0-V)\times M/10m \qquad\qquad (8\text{-}4)$$

式中，V 和 V_0 分别为样品滴定和空白样品滴定所消耗碱标准溶液的体积，mL；M 为碱标准溶液的浓度，$mol \cdot L^{-1}$；m 为聚合物样品的质量，g。

六、注意事项

（1）仪器使用后要洗刷干净。

（2）萃取时要小心轻轻摇动分液漏斗，避免乳化后难以分离。

（3）测定环氧值时，要使环氧基在盐酸-丙酮溶液中加热全部开环，温度不能过高以防止 HCl 挥发，并注意反应混合物冷却后先用丙酮冲洗冷凝管，再拆下冷凝管。

七、思考题

（1）由测得的环氧值计算出环氧树脂的平均相对分子质量。

（2）环氧树脂性能与固化剂的种类和用量有什么关系？

（3）在环氧树脂制备过程中，NaOH 起什么作用？如果 NaOH 量不足会出现什么问题？

实验 47　淀粉基高吸水性树脂的设计制备及表征

一、实验目的

（1）认识高吸水性树脂的基本功能及其用途。

（2）掌握接枝聚合原理及制备高吸水性树脂的基本方法。

二、预习要求及操作要点

（1）了解高吸水性树脂的基本功能及其用途。

（2）操作中要严格控制淀粉的糊化和交联。

三、实验原理

吸水性树脂是不溶于水、在水中溶胀的具有交联结构的高分子。吸水量达平衡时，以干吸水树脂为基准的吸水率倍数与单体性质、交联密度及水质情况等因素有关。根据吸水量和用途不同大致可分两大类，吸水量仅为干树脂量的百分之数十者，吸水后具有一定的机械强度，称之为水凝胶，可用作接触眼镜、医用修复材料、渗透膜等。另一类吸水量可达到树脂的数十倍，甚至高达 3000 倍，称之为高吸水性树脂。高吸水性树脂用途十分广泛，在石化、化工、建筑、农业、林业、医疗及日常生活中有着广泛的应用，如用作吸水材料、风沙干旱地区造林、航空灭火剂增稠等。

根据原料来源、亲水基团引入方式、交联方式等的不同，高吸水性树脂有许多品种。目前，习惯上按其制备时的原料来源分为淀粉类、纤维素类和合成聚合物类三大类，前两者是在天然高分子中引入亲水基团制成的，后者则是由亲水性单体的聚合或合成高分子化合物的化学改性制得的。

高吸水性树脂在结构上应具有以下特点：

（1）分子中具有强亲水性基团，如羧基、羟基等。与水接触时，聚合物分子能与水分子迅速形成氢键或其他化学键，对水等强极性物质有一定的吸附能力。

（2）聚合物通常为交联型结构，在溶剂中不溶，吸水后能迅速溶胀。水被包裹在呈凝胶状的分子网络中，不易流失和挥发。

（3）聚合物应具有一定的立体结构和较高的相对分子质量，吸水后能保持一定的机械强度。

合成聚合物类高吸水性树脂目前主要有聚丙烯酸盐和聚乙烯醇两大类。根据所用原料、制备工艺和亲水基团引入方式的不同衍生出许多品种，其合成路线主要有两条途径：一是由亲水性单体或水溶性单体与交联剂共聚，必要时加入含有长碳链的憎水单体以提高其机械强度。调整单体的比例和交联剂的用量以获得不同吸水率的产品。这类单体通常经自由基聚合制备。第二种合成途径是将已合成的水溶性高分子进行化学交联使之转变成交联结构，不溶于水而仅溶胀。

　　天然高分子淀粉或纤维素的接枝聚合：引入亲水性基团，得到天然高分子改性的吸水树脂。用不同的自由基聚合引发剂可引发淀粉接枝共聚，多数引发剂的引发反应机理研究得不够清楚，但用过渡金属铈（Ce^{4+}）盐引发淀粉接枝的反应机理已被证实：淀粉单糖基中的邻二醇结构被引发剂氧化成二醛结构，醛基进一步氧化成酰基自由基引发单体聚合。例如，淀粉接枝聚丙烯酸：

$$Ce^{4+} + H_2O \rightleftharpoons Ce(OH)^{3+} + H^+ \tag{8-5}$$

$$(8\text{-}6)$$

　　Ce^{4+} 与淀粉中单糖基的邻二醇组成氧化还原引发体系，Ce^{4+} 反应后生成 Ce^{3+}，铈（Ce^{4+}）盐价格昂贵，但接枝效率（用于接枝反应的单体占反应单体的质量百分比）和接枝率（用于接枝反应的单体占接枝前聚合物的质量百分比）都高，如果在使用铈（Ce^{4+}）盐的同时加入过硫酸钾，过硫酸钾可以把 Ce^{3+} 氧化成 Ce^{4+}，过硫酸钾的加入可以减少昂贵的铈（Ce^{4+}）盐的用量。

　　接枝的单体既可以用丙烯酸，也可以用丙烯腈，丙烯腈接枝后再水解，氰基水解成亲水性的酰胺基、羧基或羧基负离子，若在接枝反应中加入少量可交联单体，如亚甲基二丙烯酰胺，可以得到具有网络结构的吸水树脂，其保水性和强度都会提高。

本实验用淀粉接枝聚丙烯酸，为避免羧基间氢键作用发生凝胶化，淀粉糊化后在碱性介质中进行接枝反应。

四、实验仪器及试剂

仪器：四口烧瓶（150mL），恒温水浴，搅拌器，回流冷凝管，温度计，注射器，离心机。

试剂：淀粉，丙烯酸（新蒸馏），硝酸铈铵，过硫酸钾，氢氧化钠。

五、实验步骤

（1）安装反应装置，四口烧瓶分别安装回流冷凝管、搅拌器、滴液漏斗和温度计。向四口烧瓶中加脱氧蒸馏水 40mL，淀粉 4g，搅拌下通入氮气，排出反应器中空气，氮气保护下水浴加热至 70~80℃，糊化 0.5h。

（2）温度降至 35℃，搅拌下加入 20%氢氧化钠 40mL，再加入丙烯酸单体 10g，搅拌均匀后加引发剂硝酸铈铵（配成 1%水溶液）溶液 2.5mL、过硫酸钾（配成 0.4%的水溶液）溶液 2.5mL，中速搅拌下在 40℃反应 3h。

（3）将反应混合物倒入乙醇中沉淀，用离心机分离，吸去上层清液，抽滤，用乙醇洗两次，抽滤。将产物倒入表面皿中，50℃真空干燥，称量。

（4）吸水率测定。将约 1g 高吸水性树脂加入盛满水的 1000mL 烧杯中，放置 1h 后倒入 50 目筛中，沥水至不滴水，再用滤纸吸去筛网处的水，称量吸水后树脂的质量，记为 m_2，吸水前树脂的质量为 m_1，高吸水性树脂的吸水率 S 由下式计算：

$$S=[(m_2-m_1)]/m_1×100\% \tag{8-7}$$

用同样方法测定高吸水性树脂对去离子水的吸水率；用同样方法测定高吸水性树脂对模拟尿液的吸水率。

六、注意事项

（1）淀粉糊化时要求氮气保护，温度不能过高，避免淀粉氧化降解。

（2）接枝共聚的温度不能太高，时间不能太长，否则，接枝效率和接枝率都要下降。

七、思考题

（1）试述高吸水性树脂的吸水机理。

（2）分析高吸水性树脂对自来水、去离子水及模拟尿液的吸水率的差别。

实验 48　改性丙烯酸乳液合成、乳胶涂料制备及调色

一、实验目的

（1）学习聚丙烯酸酯乳液的合成方法及其原理。
（2）分析聚丙烯酸酯乳液的改性思路及对性能的影响。
（3）掌握乳胶涂料的色漆配方设计及颜料调配。

二、预习要求及操作要点

氟原子具有最大的电负性、半径小、键能大的特点，由于氟原子半径比氢原子略大，但比其他元素的原子半径都小，故含氟聚合物分子链中氟原子能把 C—C 主链严密地包住，即使最小的原子也难以楔入碳主链。氟原子极化率在所有元素中最低，使得 C—F 键的极性较强，含有 C—F 键的聚合物分子之间作用力小，含氟丙烯酸酯类聚合物不但保持了丙烯酸酯乳胶膜原来的特性，还具有特异的表面性能。因此，含氟丙烯酸酯聚合物乳液在纺织、皮革、光通信等领域具有很好的应用前景。

有机氟碳聚合物因氟元素的特性而具有优异的耐溶性、耐油性、耐候性、耐高温、耐化学品、耐化学品、表面自洁等性能，已广泛应用在涂料、表面活性剂、防火剂、医学等领域，尤其在涂料行业中尤为重要。

三、实验原理

苯乙烯-丙烯酸酯共聚乳液（简称苯丙乳液）由于其成本低廉、性能优异而被广泛用作各种涂料和胶黏剂等，但其耐水耐油性、耐高低温性、耐候性尚不理想。假使通过在丙烯酸酯聚合物中引入含氟基团得到聚丙烯酸氟代烷基酯。含氟侧链可对主链和内部分子屏蔽保护，使丙烯酸酯不仅保持了其原有特性，还可有效地提高其稳定性、耐候性、抗污性和耐油耐水性。

四、实验仪器及试剂

仪器：四口烧瓶（250mL），球形冷凝管，滴液漏斗，水浴锅，电动搅拌器，高速分散机，研磨仪，计算机调色系统，傅里叶红外光谱仪，差示扫描量热仪，界面张力仪，Zata 电位及纳米粒度分析仪，光学接触角测量仪，最低成膜温度测定仪。

试剂：丙烯酸正丁酯，甲基丙烯酸甲酯，苯乙烯，丙烯酸，甲基丙烯酸十二氟庚酯，甲基丙烯酸六氟丁酯，乳化剂壬基酚聚氧乙烯醚，乳化剂十二烷基硫酸

钠，过硫酸铵，氨水，碳酸氢钠，乙二醇，去离子水，增稠剂，防霉剂，消泡剂，颜料，填料。

五、实验步骤

1. 聚丙烯酸酯乳液合成

将引发剂过硫酸铵配成 2% 溶液待用。将十二烷基硫酸钠、壬基酚聚氧乙烯醚、去离子水加入四口烧瓶中，搅拌溶解，加入适量碳酸氢钠，升温至 60℃；再加入 1/2 过硫酸铵溶液，10%～15%（质量分数）的混合单体（具体见表 8-1），加热慢慢升温，温度控制在 70～75℃。如没有显著的放热反应则逐步升温至 80～82℃，将余下的混合单体均匀滴加，同时滴加剩余引发剂（也可分三四批加入），1.5～2h 滴完，再保温 1h；升温至 85～90℃，保温 0.5～1h。冷却，用氨水调节 pH 为 9～9.5，过滤出料，测定固体含量及黏度。

表 8-1　参考配方　　　　　　　　　　　　（单位：g）

药品名称	实验 1 号	实验 2 号	实验 3 号	实验 4 号
丙烯酸正丁酯（BA）	33.0	25.0	23.5	23.5
甲基丙烯酸甲酯（MMA）	17.0	—	—	—
苯乙烯（St）	—	25.0	23.5	23.5
丙烯酸（AA）	—	1.0～1.2	1.0～1.2	1.0～1.2
甲基丙烯酸十二氟庚酯	—	—	3.0	—
甲基丙烯酸六氟丁酯	—	—	—	3.0
过硫酸铵（APS）	0.2～0.3	0.2～0.3	0.2～0.3	0.2～0.3
十二烷基硫酸钠（SDS）	0.4～0.5	0.4～0.5	0.4～0.5	0.4～0.5
OP-10	0.7～0.8	0.7～0.8	0.7～0.8	0.7～0.8
碳酸氢钠	适量	适量	适量	适量
去离子水	50.0	50.0	50.0	50.0

2. 乳胶涂料色漆配方设计及调色

成膜物的选择：采用本实验制备的乳液、市售乳液；颜料的选择及用量：设计外墙乳胶涂料，颜色确定配方组成的颜料体积浓度；制备典型色浆，确定优化工艺；按标准色卡或试样颜色要求，人工调制出乳胶色漆；通过计算机调色系统配制乳胶色漆。

3. 测试、表征

固体含量：按 GB/T 1725—2007 测定。

乳液黏度：用旋转黏度计测定。

吸水率：按 GB/T 1733—1993《漆膜耐水性测定法》测定。

钙离子稳定性：取少量乳液与质量分数为 5%的氯化钙溶液按质量比 1∶4 混合、摇匀，静置 48h 后观察乳液，如果不凝聚、不分层、不破乳，表明乳液的钙离子稳定性合格。

稀释稳定性：用水将乳液稀释到固体质量分数为 10%，密封静置 48h，观察溶液是否分层，如果不分层，表明乳液的稀释稳定性合格。

储存稳定性：将一定量的乳液置于阴凉处密封，室温保存，定期观察乳液有无分层或沉淀现象，如无分层或沉淀，表明乳液具有储藏稳定性。

聚合稳定性：聚合过程中如出现乳液分层、破乳、有粗粒子及凝聚则视为不稳定。

傅里叶变换红外光谱（FT-IR）分析：将乳液均匀地涂在载玻片上成膜，取下乳胶膜后在索氏提取器中用四氢呋喃（THF）抽取 24h，对抽提后的乳胶膜采用傅里叶变换红外光谱仪进行分析测定。

玻璃化转变温度（T_g）测定：用差示扫描量热仪测定。

乳液界面张力的测定：用自动界面张力仪测定。

接触角的测定：将乳液均匀地涂在载玻片上成膜，在烘箱中干燥后用接触角测量仪测量乳胶膜与水的接触角。

乳液 Zata 电位和乳液粒径测定：用 Zata 电位及纳米粒度分析仪测定。

乳液最低成膜温度的测定：按照 GB/T 9267—2008，用最低成膜温度测定仪测定。

六、注意事项

（1）乳液聚合时要严格控制反应温度和时间。

（2）加入单体时要缓慢滴加，避免产生暴聚。

（3）注意观察不同配方合成的乳液性状，比较其性能。

七、思考题

（1）有机氟的加入对乳胶漆膜的润湿性有什么影响？

（2）解释碳酸氢钠在本实验中的作用。

（3）解释为什么要将乳化剂十二烷基硫酸钠与壬基酚聚氧乙烯醚复合使用。

（4）人工调色要注意哪些方面？

实验 49　热固性环氧树脂/蒙脱土复合阻燃涂料的制备与表征

一、实验目的

（1）学习环氧树脂/蒙脱土复合材料的制备方法。

（2）掌握常见的表征方法种类及操作。

二、预习要求及操作要点

（1）查阅聚合物燃烧机理及阻燃基本原理。

（2）了解常见表征手段的基本原理。

三、实验原理

凡分子结构中含有环氧基团的高分子化合物统称环氧树脂。固化后的环氧树脂具有良好的物理、化学性能，它对金属和非金属材料的表面具有优异的黏接强度，介电性能良好，变形收缩率小，制品尺寸稳定性好，硬度高，柔韧性较好，对碱及大部分溶剂稳定，因而广泛应用于国防、国民经济各部门，可用于浇注、浸渍以及制备层压料、黏接剂、涂料等。在涂料领域，阻燃性能是继黏附性之后人们关注的另一个性质，通常材料本身的阻燃性都很差，一般通过添加其他阻燃物质来提高它的阻燃性。卤系、磷系及无机物质等添加型阻燃剂虽然具有较好的阻燃效果，但总是以材料力学性能大幅下降为代价。蒙脱土是层状的硅酸盐结构，加入环氧树脂中能大幅提高力学强度，同时可以达到阻燃效果。一般认为，蒙脱土的加入可以在材料燃烧时形成稳定的碳层结构，起到削弱热传递和隔氧的作用，另外蒙脱土中的硅酸盐成分对聚合物热降解有抑制作用，影响其燃烧行为。

本实验通过共混的方法制备出热固性环氧树脂/蒙脱土复合阻燃材料，并通过FT-IR、XRD、SEM、TGA、LOI、UL-94 等表征手段检测分散状态和阻燃性能。

四、实验仪器及试剂

仪器：烧瓶（2L），恒温水浴，机械搅拌装置。

试剂：蒙脱土原土，十六烷基三甲基溴化铵，双酚 A 环氧树脂，3-甲基六氢邻苯二甲酸酐。

五、实验步骤

1. 复合材料制备

有机蒙脱土的制备：称取一定量的十六烷基三甲基溴化铵及 Na^+-MMT，将

Na$^+$-MMT 分散于蒸馏水中制成悬浮液并倒入 2L 烧瓶中，置于 80℃的恒温水浴中搅拌 30min，然后加入过量十六烷基三甲基溴化铵溶液，反应一段时间后静置 24h，再抽滤、洗涤多次至体系中无 Br$^-$（用 AgNO$_3$ 检验无浅黄色沉淀），80℃下干燥 72h，并用球磨机研磨成 300 目的粉末，制成有机蒙脱土（OMMT）。

环氧树脂/蒙脱土复合材料的制备：称取适量双酚 A 环氧树脂单体将其预热，使其黏度降低，然后按照所需质量比称取经干燥处理的有机化蒙脱土，将二者直接混合。控制温度保证混合过程在低黏度条件下进行，以利于蒙脱土在树脂中的分散。搅拌足够的时间，使其混合均匀。由于机械搅拌的作用，大量的气体混入熔体中，保持温度，对熔体进行脱气，直至透明。加入固化剂 3-甲基六氢邻苯二甲酸酐，搅拌均匀后倒入模具中，升温至固化温度以上，进行预固化与固化，制得纳米复合材料备用。

2. 复合材料表征

蒙脱土红外表征：分别取改性和未改性的蒙脱土进行溴化钾压片，用傅里叶变换红外光谱仪在 500～4000cm^{-1} 波数范围内扫描，观察改性长链是否形成预插层。

XRD 衍射表征：测试条件为 Cu 靶，管电压 40kV，管电流 30mA，扫描速率 0.06°·s^{-1}，扫描范围 2θ 从 2°～15°。观察改性剂是否使蒙脱土层间距发生变化。

SEM 表征：取适量复合材料进行扫描电镜测试，观察 OMMT 在环氧树脂中的形貌，判断属于哪种分散结构。

热重分析：用热重分析仪测量材料在插层前后热分解温度的变化，氮气气氛，温度范围为室温至 700℃，扫描速率 10°·min^{-1}。

氧指数与垂直燃烧测试：用氧指数仪参照 GB 2406.2—2009 标准进行 LOI 实验，实验长度 100mm，宽度（10±0.5）mm，厚度（4±0.25）mm。采用水平垂直燃烧实验仪测试材料的燃烧性能，水平燃烧实验测试材料的燃烧速率，垂直燃烧实验测试材料的总有焰燃烧时间。试样规格为（125±5）mm×（13±0.3）mm×（3±0.2）mm。

六、注意事项

（1）原料混合时要注意温度变化，务必使温度在固化温度以下。

（2）注意混合过程中排气操作，不可以使基体存在气泡。

七、思考题

（1）为什么要注意控制温度？

（2）为什么不能产生大量气泡？

实验 50　可降解光敏性聚合物纳米微球的制备及表征

一、实验目的

（1）学习制作聚合物纳米微球的方法。

（2）掌握提纯操作步骤。

（3）了解吸附性能测试过程。

二、预习要求及操作要点

（1）刺激响应性聚合物的种类及特点。

（2）聚合物具备光敏性的原因。

三、实验原理

刺激响应性聚合物可以定义为能够对外界环境微小的变化做出迅速和显著物理或化学变化的聚合物，材料在外界刺激如光、电场、磁场、温度、pH 等作用下能自发地调节自身的性质，从而对外部环境的变化进行有效地适应，如调节物质表面的亲疏水性质、控制物质内部的离子和分子运输通道，将化学信号转变为光、电、热、机械信号等。因此，刺激响应性聚合物材料在日常生活和工业生产的各个领域有着非常广泛的应用前景。其中，光作为外界刺激具有自己的优势，如可调控性强，可改变的参数多，如波长、光强、偏振性、照射时间等，并且具有远程操纵、精确定位的特点，能够非接触式地作用于材料并改变其特性。

聚合物纳米微球的制备方法有分子自组装、微乳液、模板聚合、树枝状聚合、超支化聚合等，分子自组装是通过分子间特殊相互作用，如静电吸引、氢键、疏水性缔合、π-π 堆砌等，组装成的纳米尺度有序结构。微乳液是由油、水、乳化剂和助乳化剂组成的各向同性、热力学稳定的透明或半透明胶体分散体系，其分散相尺寸为纳米级。模板聚合采用具有纳米微孔的材料如聚碳酸酯或聚合物乳胶形成的胶体晶作为模板，使单体在这些具有纳米尺度的微孔或粒子间隙内聚合，形成纳米聚合物线状、管状、层状和孔状结构材料。树枝状聚合物是采用有机合成法（收敛法或扩散法）制备的具有规整的分子结构和三维结构的大分子，形似树枝，表面致密堆砌，内部有空隙，分子尺度在纳米级。超支化聚合物是一种链节高度支化的聚合物，不像树枝状聚合物那样有规则和具有良好的对称性，可看作线形和树枝状聚合物之间的一种过渡结构，合成过程相对树枝状聚合物更简单。

偶氮苯基团指的是芳香环通过氮氮双键（—N═N—）连接而形成的化学结构，

以偶氮苯基团作为结构核心的分子统称偶氮苯化合物。偶氮苯化合物含有共轭双键体系，在紫外光至可见红光波段具有很强的吸收，因而显现出丰富多彩的颜色，被广泛用作染料或调色剂的同时，偶氮苯基团是一个长径比很大的棒状结构，非常适合用作介晶基元，这使得许多偶氮苯化合物在适当的条件下可以表现出液晶相。

偶氮苯聚合物常用的合成方法包括自由基聚合法、缩合聚合法、偶合反应法和后修饰法等。其中，自由基聚合法因其操作简便、适用单体范围广而成为最受青睐的方法。最近 20 年来，"活性"自由基聚合技术的出现为制备相对分子质量可控、结构规整的聚合物材料提供了有效的途径，越来越多具有不同拓扑形态的偶氮苯聚合物被设计并合成出来。目前所报道的偶氮苯聚合物主要包括以下三种类型：侧链型偶氮苯聚合物、主链型偶氮苯聚合物和其他具有特殊拓扑结构的偶氮苯聚合物。

四、实验仪器及试剂

仪器：蒸馏装置，旋转蒸发器，高纯氮气瓶，圆底烧瓶，扫描电子显微镜，超速离心机等。

试剂：甲基丙烯酸，无水硫酸钠，二氯亚砜，三乙胺，四氢呋喃，金属钠，二苯甲酮，二甲基丙烯酸乙二醇酯，偶氮二异丁腈，氯化亚铜，乙腈，氧化钙，氢氧化钠，乙醚，氯化钙，硝酸钠，4-氨基吡啶，2,4-D。

五、实验步骤

1. 试剂预处理

甲基丙烯酸（DPAc）：无水硫酸钠干燥 24h，减压蒸馏。二氯亚砜：常压蒸馏。三乙胺：无水硫酸钠干燥 24h，常压蒸馏。四氢呋喃：在二苯甲酮存在下，加入金属钠回流，溶液颜色变蓝后，常压蒸馏。二甲基丙烯酸乙二醇酯（EGDMA）：分别用 10%氢氧化钠溶液和蒸馏水洗涤两遍，无水硫酸镁干燥 24h，减压蒸馏。偶氮二异丁腈（AIBN）用乙醇重结晶两次，在五氧化二磷干燥剂存在条件下真空干燥 24h。乙腈：加入氧化钙回流 3h，常压蒸馏。

2. 偶氮苯功能单体（MAzoPy）的合成

甲基丙烯酰氯：在一只装有回流冷凝管、干燥管（连氯化氢尾气吸收装置）、温度计和恒压滴液漏斗的 250mL 三口圆底烧瓶内加入 80g 甲基丙烯酸（0.93mol）和 2g 氯化亚铜，于电磁搅拌条件下缓慢滴加 74mL 二氯亚砜（1.01mol），滴加过程中控制温度在 25～30℃，滴加完毕后逐渐将反应液升温至 95℃，反应 7h 后常压蒸馏，收集 100~105℃馏分，得到无色透明液体。

甲基丙烯酸酐：在一只装有温度计和恒压滴液漏斗的 500mL 三口圆底烧瓶内加入 14.5g 甲基丙烯酸（0.17mol），缓慢滴加 13mL 氢氧化钠溶液（15mol·L^{-1}），滴加过程中控制温度低于 20℃。滴加完毕后加入 17mL 乙醚，冰水浴冷却并在剧烈搅拌条件下再次滴加 14.7g 甲基丙烯酰氯（0.14mol，溶于 1mL 乙醚），控制温度低于 20℃反应 2h 后，用乙醚萃取，收集有机层并用无水氯化钙干燥过夜，过滤后旋蒸除去乙醚，加入氯化亚铜，减压蒸馏，收集 80℃左右馏分，得到无色透明液体。

4-(4-羟基苯基偶氮)吡啶：将 5.0g 苯酚和 4.0g 亚硝酸钠溶解于 20mL 氢氧化钠溶液（10%）中；将 6.0g 4-氨基吡啶溶解于 45mL 盐酸（7.3mol·L^{-1}）中。充分溶解后，在冰水浴条件下将碱液缓慢加入酸液中，体系由浅黄色逐渐变深，至橙红色后出现浑浊。滴加完毕后用氢氧化钠溶液（10%）调节 pH 至 6~7 后反应 2h，抽滤并用水洗涤，收集粗产品后用甲醇和丙酮重结晶，所得产品于 25℃下真空干燥 24h，得到棕色固体。

4-[4-(甲基丙烯酰氯)苯基偶氮]吡啶（MAzoPy）：在 250mL 圆底烧瓶中依次加入 2.390g 4-(4-羟基苯基偶氮)偶氮吡啶（12mmol）、0.132g 4-二甲氨基吡啶（DMAP）（1.2mmol）、1.67mL 三乙胺（12mmol）和 150mL 无水 THF，充分溶解后再加入 3.57mL 甲基丙烯酸酐（24mmol），体系呈暗红色，于 40℃下反应 24h。反应结束后按反应液：水：氯仿=1：2：3 进行分液萃取，收集有机层并用等量水洗涤，无水硫酸钠干燥过夜后旋蒸除去溶剂，得到棕色固体。

3. 聚合物微球的合成

将 0.4005g MAzoPy（1.5mmol）、0.3316g 2, 4-D（1.5mmol）和 75mL 无水乙腈依次加入 100mL 圆底烧瓶中，室温黑暗条件下搅拌 3h。向其中加入 0.85mL EGDMA（4.5mmol）和 0.0086g AIBN（0.0525mmol），冰水浴冷却条件下向澄清溶液中通氩气 20min 除氧，随后将反应瓶封口后置于 60℃油浴中反应 48h，反应结束后超速离心收集所得聚合物，并相继用甲醇-乙酸混合液（9：1，体积比）和乙腈分别抽提 48h，以洗脱聚合物中残留的模板分子，将所得产品于 40℃下真空干燥 24h，得到黄褐色固体。

4. 聚合物的形貌表征

通过扫描电子显微镜拍摄的照片对所得分子印迹聚合物的形态及粒径进行分析。从扫描电子显微镜照片中随机选取 100 个微球，测量其粒径，并据此计算所有微球的平均粒径及粒径多分散性指数：

$$D_n = \sum_{i=1}^{k} n_i D_i / \sum_{i=1}^{k} n_i ; \quad D_w = \sum_{i=1}^{k} n_i D_i^4 / \sum_{i=1}^{k} n_i D_i^3 ; \quad U = D_w / D_n \qquad (8\text{-}8)$$

式中，D_n 代表数均直径；D_w 代表重均直径；D_i 代表单个微球的直径；U 代表粒径多分散性指数。

5. 聚合物吸附性能测试

取一系列装有 5mg MIP/NIP 的 2mL 移液管，分别向其中加入 0.5mL 2,4-D、DPAc、苯氧乙酸（POAc）的混合乙腈溶液（浓度均为 0.05mmol·L^{-1}），25℃下于恒温振荡箱中振荡。6h 后取出一组样品，超速离心并吸取上层清液用于 HPLC 测定。然后打开紫外光源照射其余样品 3h，取出第二组样品，超速离心并吸取上层清液用于 HPLC 测定。关闭紫外光源，18h 后取出第三组样品，超速离心并吸取上层清液用于 HPLC 测定。重复该过程（紫外光源开启 3h，关闭 18h）数次，直至所有样品都被取出并测定。根据溶液的浓度变化可以计算出不同微球样品对模板分子 2,4-D 及其类似物 DPAc、POAc 的吸附百分数（%），平行测定两次，取平均值。

六、注意事项

（1）制备过程复杂繁复，避免出现差错。
（2）试剂预处理用到危险药品，防止发生危险。

七、思考题

（1）聚合物纳米材料常用的制备方法有哪些？
（2）偶氮苯聚合物的分类有哪些？
（3）刺激响应性聚合物的种类有哪些？

实验 51　原位聚合法制备聚丙烯纳米复合材料及表征

一、实验目的

（1）加强对溶液聚合方法的认识。
（2）学会使用基本的高分子材料加工仪器。
（3）明确常规表征仪器的用途。

二、预习要求及操作要点

（1）查阅丙烯酰胺溶液聚合引发体系种类。

（2）预习双螺杆挤出机和注塑机的操作要领。

（3）了解所使用药品的物性参数，防止发生危险。

三、实验原理

原位聚合技术是近年来出现的一种制备高分子纳米复合材料的新方法，首先将无机纳米粒子均匀分散在高分子单体或低聚体介质中，然后使得到的混合物进行聚合反应得到复合材料。在制备过程中，高分子链可以通过物理或化学作用吸附或接枝在无机纳米粒子上，这种方法可得到分散性好、结合强度高的复合材料，是一种制备聚合物基/无机纳米粒子复合材料较理想的新技术。

蒙脱土是 2∶1 层状硅酸盐结构，即两层铝氧八面体与一层硅氧六面体靠共用氧原子形成的层状结构，具有独特的一维层状纳米结构和阳离子交换特性，从而具有诸多改性的可能，应用领域广泛。经改性的蒙脱土具有很强的吸附能力和良好的分散性能，可以广泛应用于高分子材料行业作为纳米聚合物高分子材料的添加剂，提高抗冲击、抗疲劳、尺寸稳定性及气体阻隔性能等，从而起到增强聚合物综合物理性能的作用，同时改善物料加工性能。

在插层型纳米塑料中，聚合物插层进入硅酸盐片层间，蒙脱土的片层间距虽有扩大，但片层仍然具有一定的有序性。在剥离型纳米塑料中，蒙脱土的硅酸盐片层完全被聚合物打乱，无规分散在聚合物基体中的是一片片的硅酸盐单元片层，此时蒙脱土片层与聚合物实现了纳米尺度上的均匀混合。由于高分子链运输特性的层间受限，空间与层外自由空间有很大的差异，因此插层型纳米塑料可作为各向异性的功能材料，而剥离型纳米塑料具有很强的增强效应，是理想的强韧型材料。

蒙脱土属于极性无机物，与聚丙烯相容性很差，但如果找到合适的桥连结构就可以很好地解决这一问题。根据前人的研究发现，丙烯酰胺可以极容易地插入蒙脱土的片层之间，在片层之间聚合时可与硅酸盐表面形成复杂的化合物，依靠生成的化学键牢固地锚接在片层表面，此外丙烯酰胺具有的双键在引发剂作用下可以与聚丙烯主链发生接枝反应。

本实验包括制备插层接枝母料和熔融共混制备复合材料两个步骤。

四、实验仪器及试剂

仪器：双螺杆挤出机，注塑机，万能电子实验机，冲击实验机，红外光谱，X 射线衍射，扫描电镜。

试剂：有机蒙脱土，聚丙烯，甲醇，甲苯，抗氧剂。

五、实验步骤

（1）称取一定量的聚丙烯，加热使其溶于甲苯中。

（2）溶液降至室温，加入配比的引发剂、丙烯酰胺、有机蒙脱土，通入高纯氮气并升温使丙烯酰胺聚合完全。

（3）将混合溶液导入过量甲醇中，絮凝沉淀，反复洗涤，减压抽滤后放入真空干燥箱中干燥除净小分子溶剂，得到插层接枝母料。

（4）称取一定配比的聚丙烯/母料，将双螺杆挤出机升温至聚丙烯的加工温度 170～180℃，挤出切粒，真空干燥除净水分。

（5）将复合材料颗粒用注塑机注塑成标准样条。

（6）用红外光谱表征母料是否接枝成功，采用溴化钾压片法，观察对应的基团。

（7）用 X 射线衍射表征蒙脱土的层间距变化，Cu 靶辐射后经单色器过滤，管电压 40kV，管电流 100mA，扫描范围 1.20°～100°，扫描速率 $1°\cdot min^{-1}$。利用布拉格方程式 $2d\sin\theta = n\lambda$ 计算蒙脱土 001 峰面层间距。

（8）用万能电子实验机和冲击实验机表征力学性能变化，用拉伸实验机和摆锤实验机测定样条的拉伸强度、冲击强度及断裂伸长率，测三组数据取平均值。

（9）用扫描电镜观察母料在聚丙烯基体的分散状态。扫描电镜观察含蒙脱土的纳米复合材料冲击试样条的断口形貌，断口喷金处理。

六、注意事项

（1）聚合反应要严格操作，避免聚合失败。

（2）密切关注双螺杆挤出机的电流变化，防止仪器过载急停。

（3）表征测试过程尽量避免产生人为误差。

七、思考题

（1）蒙脱土有机化的改性方式有哪些？

（2）蒙脱土作为增强改性剂的理论依据是什么？

（3）为什么要采用第三组分作为桥连结构？

实验 52　硅烷偶联剂改性聚磷酸铵阻燃聚丙烯

一、实验目的

（1）加强认识聚磷酸铵阻燃聚丙烯的原理和方法。

（2）了解硅烷偶联剂改性聚磷酸铵的方法。

二、预习要求及操作要点

（1）学习双螺杆挤出机、注塑机的使用方法。

（2）掌握垂直燃烧测试、氧指数测试方法。

三、实验原理

聚丙烯（PP）是一种应用十分广泛的热塑性塑料。由于它价格便宜，密度小，耐腐性好，且具有优异的加工性能、电性能和高频绝缘性能等诸多优点，已经被广泛应用于纺织、包装、机械、电缆电线等行业中。

在膨胀阻燃体系中，聚磷酸铵（APP）通常被用作酸源，其作用是在阻燃材料降解过程中，受热分解成聚磷酸，从而催化炭源发生酯化、成炭反应，有效地促进材料表面降解形成膨胀炭层。但是 APP 是无机物，极性较大，与 PP 材料的相容性较差，且自身极易发生水解、吸潮，生成小分子，造成材料表面"起霜"且影响阻燃材料的持久性。因此，需要对 APP 进行表面疏水改性并研究其对阻燃 PP 材料的性能。

在对 APP 进行改性的材料中，硅烷偶联剂 γ-氨丙基三乙氧基硅烷（KH550）因其改性过程简单、环保、易操作，并且在阻燃过程中硅和磷有协效作用，硅元素对于增加炭层的稳定性也有帮助，因而受到研究者的青睐。但是仅用 KH550 改性后，材料耐水效果并不是很显著，所以本实验选择在 KH550 改性后的 APP 表面再进行原位聚合形成含氟的疏水硅树脂包覆层，来增加 MAPP-1 的疏水性。本实验对 MAPP-1 的结构及性能进行表征，并对比研究 MAPP-1 对 PP 材料的耐水、阻燃和力学性能的影响。

四、实验仪器及试剂

仪器：恒速搅拌器，烧杯，温度计，四口烧瓶（1000mL），SHJ-20 型同向双螺杆挤出机，HFT86X1 型注射机，JF-型氧指数仪，CZF-3 型水平垂直燃烧测定仪，高速搅拌机。

试剂：聚丙烯，乙醇，聚磷酸铵，γ-氨丙基三乙氧基硅烷。

五、实验步骤

（1）室温下，将 8.43g KH550、350mL 乙醇和 328.4g APP 依次加入配有温度计、机械搅拌装置和回流冷凝装置的 1000mL 四口烧瓶中，充分搅拌 30min，使 APP 均匀分散在乙醇中。

（2）升温至乙醇回流温度 80℃，保持该温度直至反应体系中无氨气生成（采用湿润的无色酚酞试纸检测有无氨气生成）。此时，KH550 对 APP 的改性已经完成，降温至室温。

（3）加 12.96g/150mL 的硅树脂乙醇溶液到上述反应体系中，升温至 80℃，回流 4h。然后将溶剂乙醇减压蒸出，将剩余物在真空干燥箱中 80℃干燥 12h。最终得白色固体，即为 MAPP-2。

（4）将 APP（改性前后的）分别与三嗪系成炭-发泡剂（CFA）以质量比 4∶1 进行混合，制备膨胀型阻燃剂（IFR）。然后与 PP 在高速搅拌机中混合均匀，用双螺杆挤出机混炼、挤出、造粒，最后用注塑机制备用于性能测试的标准样条。

（5）垂直燃烧测试按照 GB/T 5456—2009，试样长 130.0mm、宽 13.0mm、厚 1.6mm。氧指数测试按照 GB/T 2406—1993，试样长 120mm、宽 6.5mm、厚 3.0mm。

垂直燃烧水平法操作步骤（HB 级）。①将事先准备好的试样离点燃端（25±1）mm 和（100±1）mm，与试样长轴垂直处各划一条标线。将远离 25mm 标线的一端放在水平试样架上，并超出试样夹 10mm，宽度方向与水平线成 45°夹角。②接通电源及燃气源。③将电源开关置于"开"的位置，电源指示灯亮。④按动"返回"按钮使燃烧器恢复至点火位。⑤将实验箱门打开，按动"点火"按钮，用火机点燃燃烧器（点火时注意调节压力计和流量计）。⑥点燃垂直燃烧器后，调节流量调节阀和流量计旋钮（顺时针减小，逆时针增大），使其背压力至少为 10mm 水柱，燃气流量达到 105mm·min^{-1}，注意：调节过程中应缓慢调节，防止 U 形压力计中的水柱溅出；调节燃烧器空气进口阀，确保燃烧器产生（20±2）mm 高带黄头的蓝色火焰，待火焰稳定后，将其推至 45°（如果火焰稍有变化，则进行适当调节），关好箱门。⑦将施焰计时器设置为 30s，按"开始"按钮，燃烧器移至试样自由端的一边，使试样自由端（6±1）mm 长度燃烧，此时"施焰时间"自动计时。⑧30s 后燃烧器复位（如燃烧时间不足 30s，火焰前沿已达到 25mm 标线时，应立即按下"计时"按钮使燃烧器复位，同时启动计时），当火焰水平垂直燃烧至 25mm 线时，按下"计时"按钮，余焰时间开始计时；有焰燃烧结束（未燃烧到 100mm 线）或燃烧到 100mm 时，按下"余焰时间停"键；若无有焰燃烧，直接按下"余焰时间停"键，然后按下"余晖时间停"，按下"关闭点火"按钮关闭点火，一次实验结束（如果实验过程中有滴落物，则放置脱脂棉定位块）。⑨记录燃烧前沿从 25mm 标线到燃烧终止时的燃烧时间 t（未烧到 100mm）和从 25mm 标线到燃烧终止端的烧损长度（mm）；如果燃烧前沿超过 100mm 标线，则记录从 25mm 标线到 100mm 标线之间燃烧所需时间 t，此时的烧损长度 L 为 75mm，如果移开火源后，火焰立即熄灭或燃烧前沿未达到 25mm 标线，则不计燃烧时间、烧损长度和线性燃烧速率。⑩重复上述步骤 5～9，直至三个试样测试完成。

氧指数实验步骤：①检查气路，确定各部分连接无误，无漏气现象。②确定实验开始时的氧浓度：根据经验或试样在空气中点燃的情况，估计开始实验时的氧浓度。若试样在空气中迅速燃烧，则开始实验时的氧浓度为 18%左右；若在空气中缓慢燃烧或时断时续，则为 21%左右；在空气中离开点火源即马上熄灭，则至少为 25%。根据经验，确定该地板革氧指数测定实验初始氧浓度为 26%。氧浓度确定后，在混合气体的总流量为 10L·min^{-1} 的条件下，便可确定氧气、氮气的流量。若氧浓度为 26%，则氧气、氮气的流量分别为 2.5L·min^{-1} 和 7.5L·min^{-1}。③安装试样：将试样夹在夹具上，垂直地安装在燃烧筒的中心位置上（注意要画 50mm 标线），保证试样顶端低于燃烧筒顶端至少 100mm，罩上燃烧筒（注意燃烧筒要轻拿轻放）。④通气并调节流量：开启氧、氮气钢瓶阀门，调节减压阀压力为 0.2～0.3MPa（由教员完成），然后开启氮气和氧气管道阀门（在仪器后面标注有红线的管路为氧气，另一路则为氮气，应注意：先开氮气，后开氧气，且阀门不宜开得过大），然后调节稳压阀，仪器压力表指示压力为（0.1±0.01）MPa，并保持该压力（禁止使用过高气压）。调节流量调节阀，通过转子流量计读取数据（应读取浮子上沿所对应的刻度），得到稳定流速的氧气、氮气气流。检查仪器压力表指针是否在 0.1MPa，否则应调节到规定压力，O_2+N_2 压力表不大于 0.03MPa 或不显示压力为正常，若不正常，应检查燃烧柱内是否有结炭、气路堵塞现象；若有此现象应及时排出使其恢复到符合要求为止。应注意：在调节氧气、氮气浓度后，必须用调节好流量的氧氮混合气流冲洗燃烧筒至少 30s（排出燃烧筒内的空气）。⑤点燃试样：用点火器从试样的顶部中间点燃（点火器火焰长度为 1～2cm），勿使火焰碰到试样的棱边和侧表面。在确认试样顶端全部着火后，立即移去点火器，开始计时，观察试样烧掉的长度。点燃试样时，火焰作用的时间最长为 30s，若在 30s 内不能点燃，则应增大氧浓度，继续点燃，直至 30s 内点燃为止。⑥确定临界氧浓度的大致范围：点燃试样后，立即开始计时，观察试样的燃烧长度及燃烧行为。若燃烧终止，但在 1s 内又自发再燃，则继续观察和计时。如果试样的燃烧时间超过 3min，或燃烧长度超过 50mm（满足其中之一），说明氧浓度太高，必须降低，此时实验现象记录为"×"，如试样燃烧在 3min 和 50mm 之前熄灭，说明氧浓度太低，需提高氧浓度，此时实验现象记录为"O"。如此在氧的体积百分浓度的整数位上寻找这样相邻的四个点，要求这四个点处的燃烧现象为"OO××"。例如，若氧浓度为 26%时，烧过 50mm 的刻度线，则氧过量，记为"×"，下一步调低氧浓度，在 25%时做第二次测试，判断是否为氧过量，直到找到相邻的四个点，分别表示氧不足、氧不足、氧过量、氧过量，此范围即为所确定的临界氧浓度的大致范围。⑦在上述测试范围内，缩小步长，从低到高，氧浓度每升高 0.4%重复一次以上测试，观察现象并记录。⑧根据上述测试结果确定氧指数 OI。

六、注意事项

（1）四口烧瓶中搅拌要充分，使得 APP 均匀分散在乙醇中。

（2）一定不要使用明火（因为升温至乙醇回流温度 80℃）。

（3）保持该温度直至反应体系中无氨气生成，才能彻底完成 KH550 对 APP 的改性。

（4）自然晾干后放入真空干燥箱中干燥，避免真空干燥箱中乙醇蒸气过多引起着火或爆炸。

七、思考题

（1）为什么 APP 均匀分散在乙醇中？用水作为溶剂可否？

（2）APP 改性前后有什么不同？

（3）垂直燃烧和氧指数测试结果说明什么？

实验 53　合成含磷阻燃剂 DOPO-PPO 及阻燃环氧树脂

一、实验目的

（1）认识阻燃剂 DOPO 阻燃环氧树脂原理和方法。

（2）学习如何合成含磷阻燃剂 DOPO-PPO。

（3）掌握垂直燃烧和氧指数测试仪的使用方法。

二、预习要求及操作要点

（1）了解合成含磷阻燃剂 DOPO-PPO 原理及实验操作技术。

（2）了解聚合物红外测试方法。

（3）认识环氧树脂的实际应用。

三、实验原理

环氧树脂因其良好的力学性能、优异的耐化学性和优越的电绝缘性能而广泛应用于表面涂层、胶黏剂、电子、电气工业等领域。但环氧树脂材料易燃，其极限氧指数（LOI）仅为 19.8%，存在巨大的火灾隐患，因此其应用受到了较大限制。

含卤阻燃剂虽然阻燃性能良好，但燃烧时会产生大量浓烟和刺激性有毒气体。对生态环境和安全有较大隐患。因此，环氧树脂的阻燃技术逐渐朝着高效率、高阻燃性、低发烟和低毒方向发展，一系列含氮、硅、磷等元素的无卤阻燃剂和协同阻燃体系应运而生。其中，含磷阻燃剂具有阻燃效率高、燃烧过程中不释放有毒有害物质等优点，成为阻燃环氧树脂的研究热点。

9,10-二氢-9-氧杂-10-磷杂菲-10-氧化物，即阻燃剂 DOPO，CAS 登记号为 35948-25-5，分子式是 $C_{12}H_9O_2P$，相对分子质量为 216.1724，是化工中间体的一种。DOPO 是新型阻燃剂中间体，其结构中含有 P—H 键，对烯烃、环氧键和羰基极具活性，可反应生成许多衍生物。DOPO 及其衍生物由于分子结构中含有联苯环和菲环结构，特别是侧磷基团以环状 O＝P—O 键的方式引入，比一般的、未成环的有机磷酸酯热稳定性和化学稳定性高，阻燃性能更好。DOPO 及其衍生物可作为反应型和添加型阻燃剂，合成的阻燃剂无卤、无烟、无毒，不迁移，阻燃性能持久，可用于线形聚酯、聚酰胺、环氧树脂、聚氨酯等多种高分子材料阻燃处理，国外已广泛用于电子设备用塑料、铜衬里压层、电路板等材料的阻燃。

本实验通过分子结构设计，将P—C键及P—O键同时引入阻燃剂分子结构中，设计并合成了一种新型的含磷阻燃剂——二[4-(次甲基-羟基-磷杂菲)苯氧基]苯基氧化磷（DOPO-PPO）。苯基磷酰二氯和对羟基苯甲醛经取代反应合成中间体二(对醛基苯氧基)苯基氧化膦，再与DOPO经加成反应合成了DOPO-PPO。

以环氧树脂为基材，DOPO-PPO为阻燃剂，二氨基二苯硫砜（DDS）为固化剂，制备阻燃环氧树脂。

四、实验仪器及试剂

仪器：烧杯，PE-400型傅里叶变换红外光谱仪（KBr压片），JF-型氧指数仪，CZF-3型水平垂直燃烧测定仪，真空干燥箱。

试剂：9,10-二氢-9-氧杂-10-磷杂菲-10-氧化物，苯基磷酰二氯，四氢呋喃，三乙胺，1,4-二氧六环，对羟基苯甲醛，二氨基二苯硫砜。

五、实验步骤

（1）中间体二(对醛基苯氧基)苯基氧化膦的合成。在反应瓶中依次加对羟基苯甲醛38.0g（0.30mol），三乙胺35.0g（0.35mol）和干燥THF 150mL，于室温搅拌使其溶解。缓慢滴加苯基磷酰二氯29.3g（0.15mol），滴毕（60min），回流反应24h。滤除三乙胺盐酸盐，滤液旋蒸浓缩后倒入去离子水中（析出白色固体），抽滤，滤饼依次用冷THF和蒸馏水洗涤三次，于50℃真空干燥48h，得白色粉末二(对醛基苯氧基)苯基氧化膦。

（2）在反应瓶中加入二(对醛基苯氧基)苯基氧化膦11.0g（30mmol）和1,4-二氧六环100mL，搅拌使其溶解。加入DOPO 13.0g（60mmol），回流反应12h。反应液浓缩后倒入冷乙醇中（析出白色固体），抽滤，滤饼用冷乙醇和热水各洗涤三次，于60℃真空干燥24h得白色固体粉末DOPO-PPO。

（3）将DOPO-PPO以不同的添加量加入环氧树脂中，加入固化剂DDS，于120℃加热熔融并搅拌均匀，置真空干燥箱中将气泡除去。将液体浇注到模具中，于150℃固化2h，再于180℃固化2h，冷却至室温，得含磷阻燃剂DOPO-PPO的环氧树脂样品，并用于性能测试。

（4）阻燃性能测试。按标准ISO 4589-2-2006和UL-94测试阻燃性能。

（5）样品做傅里叶红外测试。①浇铸薄膜法，是在一定条件下将聚合物溶解于适当的溶剂中，然后将样品溶液滴在适当的载体上，挥发掉溶剂，将膜取下，制得样品膜。这是一种最常用的制样技术，但此法揭膜困难，而且还可能由于铸膜引起分子取向和晶形的改变。若是在盐窗上成膜，虽可直接用于测定，但盐窗比较昂贵，稍微使用不当就容易破裂，因此该法使用较少。②热压薄膜法，将样品放在模具中加热到软化点以上或熔融后再加压力压成厚度合适的薄膜。由于此法要求在一定的热压装置和较高的温度条件下进行，在制样过程中，某些聚合物会因受热而氧化或在加压时产生定向，从而使光谱发生某些变化。③KBr 压片法，将高聚物样品研细或剪细后与 KBr 粉末混研，待样品与 KBr 混合均匀，装入模具内放在油压机上加压，使其成为透明的薄片。多数高聚物难以直接研成很细的粉末，因此难以制作成透明的 KBr 薄片，所得红外谱图效果不佳。

六、注意事项

（1）滴加苯基磷酰二氯要缓慢，60min 滴毕。

（2）加入固化剂 DDS 后，加热熔融并搅拌均匀，置真空干燥箱中将气泡除去。

（3）样品做红外测试时，要使溶剂完全挥发掉。

七、思考题

（1）改性后的 DOPO 比纯 DOPO 的阻燃效果有什么不同？

（2）固化剂 DDS 作用是什么？

（3）红外测试时，用常用的压片法制备测试样品可以吗？为什么？

（4）垂直燃烧和氧指数测试时需注意什么？

实验 54　聚丙烯木塑复合材料的制备

一、实验目的

（1）掌握转矩流变仪的基本结构、工作原理及使用范围。

（2）熟练掌握用转矩流变仪制备木塑复合材料的操作方法。

（3）掌握热压机的使用方法，并将木塑共混物压成规定厚度的样板片以测定其相应的性能。

二、预习要求及操作要点

（1）学习转矩流变仪的基本结构及工作原理。

（2）初步了解转矩流变仪的操作方法、使用范围和用途及安装、使用、清理的有关规定。

（3）了解压力机的使用方法和操作要领。

三、实验原理

转矩流变仪按结构分为三部分：主机控制系统、测量驱动系统和辅机附件部分。主机控制系统用于设备的校正、实验参数的设置、数据的采集、显示和处理，发出对辅机的参数控制信号；测量驱动系统用于测量温度、压力、转速和转矩信号，随时把信息传给主机，并为辅机提供电源和驱动；辅机部分包括混合器、单螺杆挤出机、双螺杆挤出机、吹膜机、压延挤带机、电缆包覆装置和造粒装置等；附件部分包括转子、漏斗、加料器、传感器等。根据不同的实验要求，将主机、辅机和附件有机地组合起来，便可完成。转矩流变仪的示意图如图 8-1 所示。

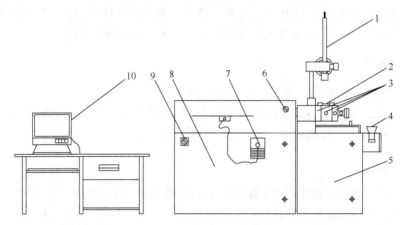

图 8-1　转矩流变仪的示意图

1. 压杆；2. 加料口；3. 密炼室；4. 漏料；5. 密炼机；6. 紧急制动开关；7. 手动面板；8. 驱动及扭矩传感器；9. 开关；10. 计算机

转矩流变仪通常有两种应用，一是用于测定聚合物熔体的流变行为，二是混合聚合物等制备多组分混合物（混合器实验）。本实验采用转矩流变仪进行混合器实验来实现木粉和聚丙烯（PP）的熔融共混。混合器相当于一个小型密炼机，是转矩流变仪的一个重要辅机。由 1 个 "∞" 字形混合室和 1 对相向旋转的转子组成。转子的示意图如图 8-2 所示。

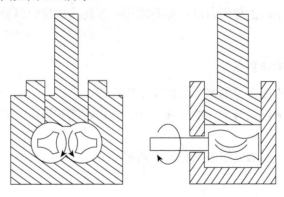

图 8-2　密炼室转子示意图

（1）加料量的确定。实验开始，物料从混合器上部的加料口加入混合室，受到上顶栓对物料施加的压力并且通过转子外表面与混合室壁间的剪切、搅拌、挤压，转子之间的捏合、撕拉，轴向间的翻捣、捏炼等作用，以连续变化的速度梯度和转子对物料产生的轴向力的变形实现物料的混炼和塑化。当混合室内的物料不足时，转子难以充分接触物料，达不到混炼塑化的最佳效果。反之，加入的物料过量，部分物料集中于加料口而不能进入混合室均匀塑化，或出现超额的阻力转矩时，仪器安全装置将发生作用，停止运转。若实验过程中，去除上顶栓对物料的施压作用，仪器转矩值变化不明显，说明加料量正合适。另外，加料量应由混合室容积、转子容积、物料密度及加料系数计算来确定。样品的质量可按下式计算：

$$m=[(V-V_{\mathrm{D}})\times 69\%]\times \rho \tag{8-9}$$

式中，V 为没有转子时混炼器的容积，mL；V_{D} 为转子的体积，mL；ρ 为物料密度，$g\cdot mL^{-1}$。

（2）实验温度与转速根据实际生产条件确定，本实验设定混合温度为 180℃，转速为 $100\mathrm{r}\cdot\mathrm{min}^{-1}$，混炼 10min。

四、实验仪器及试剂

仪器：天平，RM-200 转矩流变仪及计算机控制系统和配套工具，平板热压机，钢锯，割刀，直尺等。

试剂：聚丙烯粉料，木粉（60～80 目），抗氧剂-1010，偶联剂（马来酸酐接枝聚丙烯）。

五、实验步骤

（1）备料（称量）：按设计好的配方称量，马来酸酐接枝聚丙烯 4.5g（质量分数 9%）、聚丙烯 25.5g（质量分数 51%）、木粉 20g（质量分数 40%）、抗氧剂-1010 0.05g（质量分数 0.1%）。

（2）接通转矩流变仪和计算机的电源（开机），打开转矩流变仪应用软件图标，选择混炼平台，点击连接仪器（联机），设定 T_1、T_2、T_3 均为 180℃后，点击升温。

（3）待升温完毕并稳定 10min 后，将准备好的物料加入物料槽中，并将压杆放下锁紧，转速 $100\mathrm{r}\cdot\mathrm{min}^{-1}$，设置混炼时间为 10min。

（4）接通平板热压机电源，预热，设置温度为 180℃。

（5）混合完毕后，密炼机会自动停止。提升压杆，依次打开一区、二区，第一时间将熔融态木塑取下，于平板热压机下压成厚度为 4mm 的板材，取下后冷却定型，以备测试力学性能时使用。

（6）卸下转子，并分别进行清理，待仪器清理干净后，将已卸下的一区、二区动板和转子安装好，准备下次实验使用。

　　（7）断开主机与转矩流变仪设备的连接，并关闭计算机与转矩流变仪。清理实验产生的杂物（打扫清理转矩流变仪时产生的垃圾）。

　　（8）将木塑板材锯成具有一定规格的样条，以备测试其力学性能和极限氧指数、垂直燃烧等实验时使用。

六、注意事项

　　（1）由于本实验在高温下进行，因此为了防止烫伤，实验操作过程中必须戴3层手套。

　　（2）清理完料槽和转子后，要正确安装转矩流变仪，切勿将转子装反，否则会损坏仪器。

七、思考题

　　（1）转矩流变仪有哪些用途？通过它的应用可获取哪些有用信息？

　　（2）样品的加入量、加料速度、转速和实验温度对实验结果有何影响？

实验 55　木塑复合材料的拉伸性能的测试

一、实验目的

　　（1）通过拉伸实验，加深对应力-应变曲线的理解。

　　（2）掌握电子拉伸力机的使用方法和操作要领。

　　（3）测定木塑复合材料的屈服强度、拉伸强度、断裂强度和断裂伸长率，绘制应力-应变曲线。

二、预习要求及操作要点

　　（1）初步了解拉伸实验的实验条件，明确拉伸实验的意义。

　　（2）了解电子拉力机在聚合物性能测试上的应用。

三、实验原理

　　拉伸性能是聚合物力学性能中最重要、最基本的性能之一。拉伸性能的好坏可以通过拉伸实验来检验。拉伸实验是在规定的实验温度、湿度和速度条件下，对标准试样沿纵轴方向施加静态拉伸负荷，直到试样被拉断为止。用于聚合物应力-应变曲线测定的电子拉力机是将试样上施加的载荷、形变通过压力传感器和形变测量装置转变成电信号记录下来，经计算机处理后，测绘出试样在拉伸变形过程中的拉伸应力-应变曲线。从应力-应变曲线上可得到材料的各项拉伸性能指标值，如拉伸强度、拉伸断裂应力、拉伸屈服应力、偏置屈服应力、拉伸弹性模量、断裂伸长率等。电子拉力机除了应用于力学实验中最常用的拉伸实验外，还可进行压缩、弯曲、剪切、撕裂、剥离及疲劳、应力松弛等各种力学实验，是测定和研究聚合物材料力学行为和机械性能的有效手段。

　　应力-应变曲线一般分两个部分：弹性形变区和塑性形变区。在弹性形变区，材料发生可完全恢复的弹性变形，应力与应变呈线性关系，符合胡克定律。在塑性形变区，形变是不可逆的塑性变形，应力和应变增加不再呈正比关系，最后出现断裂。

　　不同的高聚物材料、不同的测定条件，分别呈现不同的应力-应变行为。根据应力-应变曲线的形状，目前大致可归纳成五种类型，如图 8-3 所示。

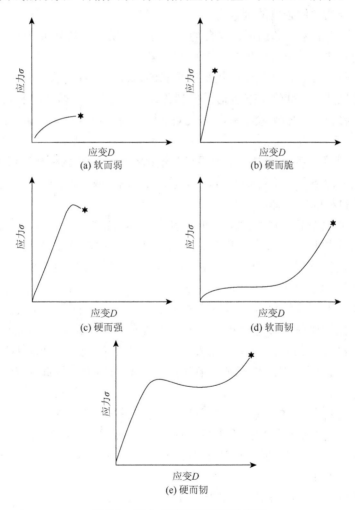

图 8-3　应力-应变曲线的五种类型

（1）软而弱：拉伸强度低，弹性模量小，且伸长率也不大，如溶胀的凝胶等。

（2）硬而脆：拉伸强度和弹性模量较大，断裂伸长率小，如聚苯乙烯等。

（3）硬而强：拉伸强度和弹性模量较大，且有适当的伸长率，如硬聚氯乙烯等。

（4）软而韧：断裂伸长率大，拉伸强度也较高，但弹性模量低，如天然橡胶、顺丁橡胶等。

（5）硬而韧：弹性模量大，拉伸强度和断裂伸长率也大，如聚对苯二甲酸乙二醇酯、尼龙等。

由以上五种类型的应力-应变曲线，可以看出不同聚合物的断裂过程。

影响聚合物拉伸强度的因素有：

（1）高聚物的结构和组成。聚合物的相对分子质量及其分布、取代基、交联、结晶和取向是决定其机械强度的主要内在因素。

（2）实验状态。拉伸实验是用标准形状的试样，在规定的标准状态下测定聚合物的拉伸性能。标准化状态包括试样制备、状态调节、实验环境和实验条件等，这些因素都将直接影响实验结果。现仅就试样制备、拉伸速率、温度的影响阐述如下。

（A）在试样制备过程中，由于混料及塑化不均，引起微小气泡或各种杂质，在加工过程中留下各种痕迹如裂缝、结构不均匀的细纹、凹陷、真空泡等，这些缺陷都会使材料强度降低。

（B）拉伸速率和环境温度对拉伸强度有着非常重要的影响。当低速拉伸时，分子链来得及位移、重排，呈现韧性行为，表现为拉伸强度减小，而断裂伸长率增大。高速拉伸时，高分子链段的运动速度小于外力作用速度，呈现脆性行为，表现为拉伸强度增大，而断裂伸长率减小。不同的聚合物对拉伸速率的敏感程度不同，硬而脆的聚合物对拉伸速率比较敏感，一般采用较低的拉伸速率；韧性塑料对拉伸速率的敏感性小，一般采用较高的拉伸速率，以缩短实验周期，提高效率。高分子材料的力学性能表现出对温度的依赖性，随着温度的升高，拉伸强度降低，而断裂伸长率则随着温度的升高而增大，因此实验要求在规定的温度下进行。

拉伸实验共有 4 种类型的试样，试样的选择遵循以下规则：

（1）热固性模塑料材料：用 Ⅰ 型（双铲形），如图 8-4（a）所示。

（2）硬板、半硬质热塑性模塑料材料：用 Ⅱ 型（哑铃形），厚度 $d=(4\pm0.2)$ nm，如图 8-4（b）所示。

（3）软板、片：用 Ⅲ 型（8 字形），厚度 $d\leq2$mm。

（4）薄膜：用 Ⅳ 型（长条形）。

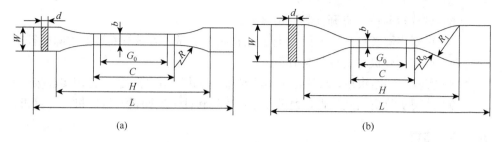

图 8-4　（a）Ⅰ型：双铲形；（b）Ⅱ型：哑铃形

　　试样的类型和尺寸参照 GB/T 1040—2006 执行。本次实验材料为聚丙烯木塑复合材料，属于热塑性材料，所以试样采用Ⅱ型试样，每组试样不少于 5 个，尺寸长度为（10.0±0.5）cm，厚度 2.5mm，由多型腔模具注射成型获得。实验要求表面平整，无气泡、裂纹、分层、伤痕等缺陷。

　　数据的处理：

　　（1）拉伸强度

$$\sigma_t = P/(b\,d) \tag{8-10}$$

式中，σ_t 为拉伸强度，MPa；P 为破坏荷载或最大载荷，N；b 为试样宽度，mm；d 为试样厚度，mm。

　　（2）断裂伸长率

$$\varepsilon = (l-l_0)/l_0 = \Delta l/l_0 \tag{8-11}$$

式中，ε 为断裂伸长率，%；l 为试样标距伸长后长度，mm；l_0 为试样标距长度，mm。

四、实验仪器及试剂

　　仪器：电子拉力实验机，游标卡尺，记号笔。

　　试剂：木塑试样，试样形状与尺寸符合国家标准 GB/T 1040—2006 中规定，使用Ⅱ型的试样。

五、实验步骤

　　（1）开机，依次为实验机、打印机、计算机。

　　（2）进入实验软件中，选择对应的传感器及引伸计后，联机；设定实验条件，调节拉伸速率至规定值。

　　（3）检查拉伸实验用夹具，根据实际情况（主要是试样的长度及夹具的间距）调整好限位位置；进入实验窗口，输入"用户参数"。

　　（4）将试样放入夹具，夹具夹持试样时，要使试样纵轴与上、下夹具中心线相重合，并且要松紧适宜，以防止试样滑脱或断在夹具内。

　　（5）点击"运行"，开始自动实验。

（6）试片拉断后，打开夹具取出试片。

（7）重复步骤（3）～（6），进行其余样条的测试，若试样断裂在中间平行部分之外，此试样作废，另取试样补做。

（8）实验自动结束后，软件显示实验结果；点击"用户报告"，打印实验报告。

（9）关闭实验窗口及软件，关机顺序：实验软件—实验机—打印机—计算机。

六、注意事项

（1）拉伸实验过程中，不要将身体置于移动横梁之下。

（2）如出现飞车现象，立即关闭总电源。

七、思考题

（1）对于哑铃型试样，如何使试样在拉伸实验时断裂在有效部分？

（2）试陈述同一材料测定的拉伸性能存在差别的原因。

（3）试叙述拉伸速率对硬质和软质塑料的实验结果的影响。

实验 56　纳米银颗粒修饰聚醚砜超滤膜的制备及其性能测试

一、实验目的

（1）了解膜及膜分离技术。

（2）学习浸没-沉淀相转化成膜法。

二、预习要求及操作要点

（1）了解膜过程的不同类型。

（2）认识纳米银颗粒抗菌机理。

（3）学习膜超滤性能测试方法。

三、实验原理

膜是两相之间的分界，充当着选择性屏障、调节两相之间物质的分离。膜分离是借助膜的选择透过性，在压力、浓度和电势差等的驱动下，使混合物中的一种或多种组分透过膜，从而对产品进行提取、纯化或富集。膜分离技术是利用不同类型的膜和膜过程进行分离，已广泛应用于污水处理、海水淡化、蛋白质提纯等领域。

膜分离技术中使用的膜种类繁多。根据不同的成膜材料，可以分为由有机聚合物制备的高分子膜、由无机材料制备的无机膜和由复合材料制备的复合膜。根据外观形态可以分为平板膜、中空纤维膜和管状膜。根据膜结构中是否存在孔隙，可以将膜分为无孔膜和多孔膜。多孔膜根据膜断面结构进一步分为对称膜和非对称膜，非对称膜结构分为选择层和支撑层。具有非对称结构的膜，势垒层的电阻最小，从而保证了较高的膜水通量。超滤膜、纳滤膜、反渗透膜和气体分离膜一般为非对称膜，微滤膜一般为对称指状孔结构。

根据传质交换驱动力、分离原理、分离物质性质和应用条件的不同，可以将膜过程分为很多种。根据所使用进料液的情况和所达到目的的不同，可以选择不同的膜过程进行分离：①从大量进料液中除去少量的杂质，最终产生大量的纯化产物，可以通过反渗透过程分离去除小组分或通过渗透气化过程选择性渗透小组分。②将大量进料液浓缩成一小部分，可以选用超滤过程，利用超滤膜将溶液渗透过去，截留大分子，如蛋白质浓缩。③在少量或中量的溶液中分离两个或多个组分，可以通过超滤、纳滤、渗析或电渗析过程进行选择性渗透，使小分子溶液通过或将多个组分保留。

超滤分离技术是以孔径为 $10^{-3} \sim 10^{-1} \mu m$ 的超滤膜为分离介质，在 0.1～0.5MPa 压力驱动下，使处理料液中小于膜孔径的溶剂、分子和无机离子通过，截留住大分子化合物、胶体和其他大尺寸杂质，从而实现分离和提纯。超滤膜的截留特性以截留标准物质的相对分子质量大小来衡量，通常为 500～100 000。超滤膜进行分离时，并不完全依靠孔径进行筛选，膜表面化学性质也会对分离作用起到选择筛分作用。超滤技术是目前应用最广泛的膜分离技术，主要应用于工业生产、环境保护等方面，具有良好的发展前景。

膜制备方法有烧结法、拉伸法、径迹蚀刻法、相转化法等。浸没-沉淀相转化法由于制备工艺简单，对膜的结构和性能能够起到很好的调节作用，在非对称膜超滤膜的制备过程中广泛使用。通过溶剂和非溶剂的相互交换作用，在铸膜液和凝固浴之间的界面上发生相转化。浸没-沉淀相转化法成膜过程分为两个阶段：①分相过程。当铸膜液组成的初生态膜浸没到凝固浴中，溶剂与非溶剂之间相互扩散，促使铸膜液体系由热力学稳定状态向热力学不稳定状态转变，最终发生相分离。②相转化过程。研究的主要内容是从初生态膜分相后到固化过程的凝胶动力学过程。在浸没-沉淀相转化制备高分子膜时，聚合物在溶液/非溶液体系中的液-液相转化分相是关键步骤。随着初生态膜浸没到非溶剂凝固浴中，非溶剂向铸膜液中扩散，铸膜液的溶剂向非溶剂中扩散，体系由热力学稳定状态自发地向热力学不稳定状态偏移，最终形成液-液分相。

浸没-沉淀相转化法制备膜的三个基本步骤为铸膜液配制、分相过程和相转化过程。具体操作过程为：①将成膜聚合物和溶剂混合，有时需要加入非溶剂或添加剂，最终配制成均一稳定的铸膜液。溶剂选择时，要保证其对聚合物具有较高的溶解性，与非溶剂互溶性好，并且具有较高的挥发性。②利用刮刀在合适的固定表面（如玻璃或金属板、无纺布类的支撑材料或基底）上刮制固定厚度的初生态膜。③随即将初生态膜浸没到凝固浴中，在凝固浴中铸膜液的溶剂与凝固浴的非溶剂相互传质交换，最终初生态膜完全固化形成具有非对称结构的膜。

　　膜污染是由胶体或不溶物质沉积在膜表面上引起膜性能降低的过程，导致膜的有效面积减少，实际水通量值降低，限制了膜的应用。银作为传统的抗菌材料，已广泛用于防菌和防腐。纳米银因具有量子效应、小尺寸效应和极大的比表面积，抗菌效果比常规抗菌剂好，杀菌效力更持久。纳米银颗粒抗菌机理为纳米银与微生物和细菌发生吸附作用，加速活性氧自由基的氧化并诱导脱氧酶失活，促使菌体内容物泄漏，中断细胞信号转导从而将细菌杀死。纳米银颗粒加入铸膜液中，不仅能起抗菌剂的作用，还可以充当纳米无机添加剂。采用浸没-沉淀相转化法制备复合膜的过程中，高分子铸膜液中添加无机纳米颗粒会影响膜分相机理，从而对膜结构和膜孔径产生影响。无机材料一般具有良好的耐热性和化学稳定性，与高分子聚合物结合，可以提高膜的分离性能和抗污染能力。

　　本实验选用乙二醇为还原剂，使用聚乙烯吡咯烷酮作为保护剂，在聚醚砜与N-2-甲基吡咯烷酮溶液中，原位将硝酸银还原成纳米银颗粒。采用浸没-沉淀相转化法制备出具有高分离和抗生物污染性能的纳米银颗粒修饰聚醚砜平板超滤膜并测试其膜性能。

四、实验仪器及试剂

　　仪器：分析天平，烘箱，三口烧瓶，搅拌器，恒温水浴，烧杯，锥形瓶，实验室自制分离装置。

　　试剂：聚醚砜（PES），N-甲基吡咯烷酮（NMP），聚乙烯吡咯烷酮（PVP），牛血清白蛋白，乙二醇（EG），硝酸银，蒸馏水。

五、实验步骤

　　（1）PES、PVP 在 60℃下烘干 24h。

　　（2）聚醚砜平板膜铸膜液的配制。按表 8-2 所示 PES 膜配方的比例向三口烧瓶中加入 PES、PVP 粉末和 NMP、EG 液体，在 60℃下不断搅拌，直至固体完全溶解，形成均一溶液。将三口烧瓶内液体转移到烧杯中，静止 24h 脱去气泡。

表 8-2　超滤膜铸膜液配方　　　　　　　　（单位：%）

	PES	PVP	NMP	EG	AgNO₃
PES 膜	19.0	10.0	66.0	5.0	0.0
PES-Ag 膜	19.0	10.0	65.0	5.0	1.0

　　（3）纳米银颗粒修饰聚醚砜平板膜铸膜液的配制。①在锥形瓶中按表 8-2 中

所示 PES-Ag 膜配方，加入 EG 和 AgNO₃，在暗处振荡使其完全溶解。②按比例在三口烧瓶中加入 PES、PVP 固体粉末和 NMP 溶液，在 60℃ 下不断搅拌使固体全部溶解。③逐步升温至 120℃，将事先溶解好的 AgNO₃-EG 溶液滴加到 PES 溶液中，并在 120℃ 下反应 1h。④继续搅拌 6h 后，将三口烧瓶中液体移到烧杯中静置 24h。

（4）平板超滤膜的制备。使用 200μm 厚刮刀在室温 23℃、相对湿度 55% 的条件下在玻璃板上刮制平板膜。初生态的膜立即浸泡在蒸馏水的 40℃ 凝固浴中，待膜完全转化后，放入大量水中浸泡。

（5）膜超滤性能测试。平板膜的超滤性能评价在实验室自制的分离装置上进行。采用单测试池，膜的有效面积为 $7.065×10^{-4}m^2$。超滤测试分为四个步骤：①在溶液罐中加入蒸馏水，在 N_2 推动下进入过滤室内，过滤 30min，每隔 5min 测定一次膜水通量。②将蒸馏水换成 $1mg·mL^{-1}$ 的牛血清白蛋白溶液测试 30min，每隔 5min 测定一次膜水通量。③在过滤完牛血清白蛋白溶液后，用蒸馏水反向清洗膜 20min。④再一次通入蒸馏水进行过滤 30min，每隔 5min 记录一次清洗后的膜水通量。

膜水通量 $J_w(L·m^{-2}·h^{-1})$ 是固定时间内通过膜过滤出的溶液体积，按下式计算：

$$J_w=V/(At)$$

式中，V 为透过液体积（L）；A 为有效透过面积（m^2）；t 为渗透时间（h）。

六、注意事项

（1）溶解好的 AgNO₃-EG 溶液应避光保存。

（2）超滤测试在 0.1MPa 下进行，在测试前，需将压力调至 0.15MPa，当膜通量稳定后再调至 0.1MPa。

七、思考题

（1）超滤分离技术如何实现分离和提纯？

（2）纳米银颗粒抗菌机理是什么？

实验 57　优先透醇渗透汽化膜的制备及对乙醇/水混合物的分离

一、实验目的

（1）学习膜分离技术。

（2）了解渗透汽化膜的制备方法。

（3）掌握膜性能测试技术。

二、预习要求及操作要点

（1）了解渗透汽化的原理及其传质过程。

（2）学习如何评价渗透汽化膜的分离性能。

三、实验原理

膜是一种分隔两相界面并以特定形式限制和传递各种化学物质的阻挡层。膜分离技术是当代新型高效分离技术，以选择性透过膜为分离介质，当膜两侧存在某种推动力（如浓度差、压力差、电位差等）时，原料侧组分选择性地透过膜，以达到分离、提纯的目的。膜分离技术具有效率高、能耗低、结构简单、操作方便的优势，已广泛应用于能源、电子、石油化工、医药卫生等领域。

渗透汽化（PV）分离过程，是指液体混合物流过膜的上游侧，在膜的下游侧抽真空、吹扫气体或造成温差使液体组分在膜的两侧形成化学位差，组分在化学位差的推动下透过膜，并以气相的形式从膜的下游侧逸出。由于膜与不同组分的相互作用大小不同及组分本身性质上的差异，各组分在膜中的溶解度和扩散速率不同，易渗透组分在渗透物中的比例增加，难渗透组分在料液中的浓度则得以提高，从而实现选择性分离。

根据溶解-扩散模型，渗透汽化的传质过程可分为三步：①被分离物质在膜表面上有选择地吸附、溶解；②溶解在膜上游侧表面的组分在化学位差的作用下，以分子扩散的形式从膜上游侧向膜下游侧扩散；③在膜的下游侧，渗透组分在较低的蒸气分压下汽化，脱附而与膜分离。可见，渗透蒸发膜分离过程主要是利用料液中的各组分和膜之间不同的物理化学作用来实现分离的。渗透蒸发过程中组分有相变发生。

渗透蒸发过程中完成传质的推动力是组分在膜两侧的蒸气分压差。由于液体压力的变化对蒸气压的影响不太敏感，料液侧采用常压操作方式。为降低组分在膜下游侧的蒸气分压，一般采用的方法有以下几种：①真空渗透蒸发，膜透过侧用真空泵抽真空，以造成膜两侧组分的蒸汽压差，这是从溶液中脱除挥发性有机物的最常用方法；②热渗透蒸发或温度梯度渗透蒸发，通过料液加热和透过侧冷凝的方法，形成膜两侧组分的蒸气压差；③载气吹扫渗透蒸发，用载气吹扫膜的透过侧，以带走透过组分，吹扫气经冷却冷凝以回收透过组分。

渗透蒸发要求所用的膜材料具有良好的成膜性能、化学稳定性、耐酸碱腐蚀性及对透过组分的优先选择性。按照膜的结构形态，渗透汽化膜可分为致密的均质膜、复合膜、非对称膜。目前渗透汽化主要采用复合膜，特点是多孔的支撑层上覆盖一层致密的活性皮层，其支撑层与活性皮层由不同材料制成。支撑层通常为非对称的超滤膜，主要起机械支撑作用，厚度在 $10\sim100\mu m$。起分离作用的主要是致密的活性皮层，厚度一般为 0.1μm 到几微米。由于复合膜的支撑层和分离层采用不同的材料制备而成，从而极大地增加了渗透汽化的选择性和适应性。

根据膜的功能，对于分离乙醇/水混合物，渗透汽化膜可分为优先透水膜和优先透乙醇膜。优先透水膜适宜分离含水量低的乙醇/水混合物（如乙醇/水共沸物），可制得无水乙醇。优先透乙醇膜适宜分离含乙醇浓度低的乙醇/水溶液。根据优先透醇的活性层膜材料，渗透汽化膜可分为有机优先透醇膜、无机优先透醇膜和有机/无机优先透醇膜。有机膜材料种类多、韧性好，但在高温、高压下和在有机溶剂中的稳定性较差。无机膜材料耐温、耐溶剂、使用寿命长，并易于清洗和消毒，但其成本高，限制了其广泛应用。将两种膜材料复合起来可以扬长避短，使膜性能达到最佳。目前用于优先透醇的有机/无机复合膜主要有两种：无机材料支撑的有机膜和无机材料填充的有机膜。填充作为一种简便易行的膜材料改性方法受到众多关注，填充型渗透汽化膜一般由基质和填充剂两部分组成。加入填充剂的目的是提高膜的选择性、渗透通量和机械强度。

评价渗透汽化膜的分离性能的主要指标有两个，即膜的渗透通量和选择性。渗透通量是指单位时间内通过单位膜面积的渗透组分的质量，其定义式为

$$J=Q/(At)$$

式中，Q 为渗透液的质量，g；A 为膜的有效面积，m^2（本实验中有效膜面积为 39.6cm^2）；t 为操作时间，h；J 为渗透通量，$g·m^{-2}·h^{-1}$。

膜的选择性表示渗透汽化膜对不同组分分离效率的高低，一般用分离系数 α 来表示：

$$\alpha=Y_AX_B/(X_AY_B)$$

式中，Y_A 为在渗透物中乙醇的质量分数；Y_B 为在渗透物中水的质量分数；X_A 为料液中乙醇的质量分数；X_B 为料液中水的质量分数。

在一定温度条件下，溶液的浓度与折光率具有一定的关系：

$$n_D=-0.058x^2+0.0878x+1.3336 \qquad (8-12)$$

式中，n_D 为折光率；x 为乙醇的质量分数。

本实验以聚二甲基硅氧烷（PDMS）为膜材料，以乙酸纤维素（CA）微滤膜为支撑层，以硅烷偶联剂改性二氧化硅纳米粒子为添加剂，以低浓度乙醇/水溶液为分离体系，制备 PDMS/CA 分离膜并测试其渗透汽化性能。

四、实验仪器及试剂

仪器：烘箱，烧杯（50mL），磁力搅拌器，超声振荡仪，分析天平，玻璃板，滤纸，胶带，刮膜机，渗透汽化装置，阿贝折射仪。

试剂：乙酸纤维素微滤膜，蒸馏水，二氧化硅纳米粒子，硅烷偶联剂 KH550，正己烷，聚二甲基硅氧烷，正硅酸乙酯，二月桂酸二丁基锡。

五、实验步骤

（1）支撑层的预处理。将 CA 微滤膜在蒸馏水中浸泡 2h，备用。

（2）二氧化硅纳米粒子预处理。将二氧化硅纳米粒子放入 100℃烘箱中烘烤一段时间，以便除去二氧化硅纳米粒子表面吸附的水分。

（3）二氧化硅纳米粒子表面改性。向烧杯Ⅰ中加入 0.05g 二氧化硅纳米粒子，然后依次加入 0.05g 硅烷偶联剂 KH550 和溶剂正己烷（溶剂的质量为总所需溶剂质量的一半），将混合物放到磁力搅拌器上搅拌 1h。为了使二氧化硅纳米粒子在溶液中分散均匀，再超声振荡 30min。

（4）铸膜液的配制。用分析天平准确称取 1.0g PDMS 黏稠液，置于烧杯Ⅱ中，加入 9g（13mL）溶剂正己烷，得到质量分数为 10%的 PDMS 溶液。磁力搅拌 2h 使溶液混合均匀。将烧杯Ⅱ中的 PDMS 溶液倒入烧杯Ⅰ中，用磁力搅拌器继续搅拌一段时间，然后将混合溶液用超声振荡仪超声 30min，以保证二氧化硅纳米粒子在铸膜液中分散均匀。超声后，向烧杯Ⅰ中滴加 0.1g（0.1mL）交联剂正硅酸乙酯，继续在磁力搅拌器上搅拌 1h，使混合液混合均匀。接着再加入催化剂二月桂酸二丁基锡 0.02g，再继续搅拌 10min，所得的均匀混合液即为添加了改性二氧化硅纳米粒子的铸膜液。

（5）膜液展开。在制备铸膜液的同时，将 CA 微滤膜从水中取出，平铺在玻璃板上，用滤纸擦干上表面的水，然后用透明胶带固定在玻璃板上，将玻璃板置于刮膜机上。将配制好的稀 PDMS 铸膜液倾倒在基膜上，使铸膜液在基膜表面上迅速均匀展开，形成一层厚度均匀的活性皮层。

（6）交联。将基板在室温条件下放置 24h，基膜表面的 PDMS 铸膜液逐渐发生交联固化反应，随着溶剂的挥发，硅橡胶表皮层形成。

（7）后处理。将基板连同复合膜放入 80℃干燥箱中 6h 高温硫化，使溶剂挥发完全，即得硅橡胶复合膜。

（8）膜性能的测试。①将膜裁剪成适当的尺寸大小，装入膜组件中，将膜组件放入料液储罐中。②配制 2kg 质量分数 10%的乙醇水溶液加入料液储罐。③用阿贝折射仪测定料液组成。④开启恒温水浴，同时打开潜水泵，加热料液温度至 40℃。⑤开启真空泵，并迅速通入氮气，将收集瓶放入装有液氮的冷阱中。⑥待实验稳定后，开始渗透汽化实验，收集渗透组分。⑦达到预定实验时间后，停止通入氮气，关闭真空泵，打开真空泵前的放空阀，取出收集瓶，擦净收集瓶外面凝结的水珠，称量收集瓶的质量。⑧用阿贝折射仪测定渗透液组成。

六、注意事项

（1）将 CA 微滤膜从水中取出，平铺在玻璃板上后，用滤纸擦干上表面的水。

（2）将膜裁剪成适当的尺寸大小，装入膜组件后，用硅橡胶垫密封，螺丝钉固定，保证密封良好且防止膜破损。

（3）停止通入氮气，关闭真空泵的顺序不能颠倒，避免氮气把平板渗透汽化膜冲破。

七、思考题

（1）渗透汽化过程怎样使液体混合物实现选择性分离？

（2）渗透蒸发过程中怎样降低组分在膜下游侧的蒸汽分压？

（3）渗透汽化膜中加入填充剂的目的是什么？

实验 58　异氰酸酯胶黏剂的制备

一、实验目的

（1）学习高分子胶黏剂的合成原理。

（2）研究异氰酸酯胶黏剂制备过程中的要点。

二、预习要求及操作要点

（1）预先了解异氰酸酯的性质及用途方面的相关信息。

（2）查阅相关资料，学习高分子胶黏剂的制备原理和方法。

三、实验原理

异氰酸酯是一大类含有异氰酸基（—N=C=O）的有机化合物，可与多元醇反应形成不同相对分子质量的聚合物，具有较好的渗透性和与木材的相溶性。异氰酸酯胶黏剂有时也称聚氨酯胶黏剂，一般是体系中含有相当数量的氨基甲酸酯基团及适量的异氰酸酯基团的一类胶黏剂，主要是以聚酯或聚醚多元醇与多异氰酸酯反应生成高分子化合物的反应为主，异氰酸酯基团与木材中的纤维素、木素、半纤维素和水在一定条件下生成氨基甲酸酯和取代脲的反应是异氰酸酯类胶黏剂与木材胶接的基础反应。异氰酸酯胶黏剂由于具有无甲醛、施胶量少、胶接强度高等诸多优点，其使用量在木材工业中迅速增加，已经成为一种重要的木材工业胶黏剂。异氰酸酯胶黏剂一般指体系中含有相当数量的异氰酸酯基团（—NCO）及一定的氨基甲酸酯团（—NHCOO—），或直接使用单体多异氰酸酯作为黏接物的一类反应型胶黏剂。作为聚氨酯胶黏剂的早期产品，因含有极性很强、化学活性很高的异氰酸酯基团和氨基甲酸酯基团，它与含有活泼氢的材料，如泡沫塑料、木材、皮革、织物、纸张、陶瓷等多孔性材料和金属、玻璃、橡胶、塑料等表面光洁的材料都有着优良的界面化学黏合力；而聚氨酯基与被黏结材料之间还存在氢键作用，从而使黏接更加牢固。此外，聚氨酯胶黏剂还具有软硬段可调节性、黏接工艺简便、极佳的耐低温性及优良的稳定性等特点，近年来已成为国内外发展最快的胶黏剂。

异氰酸酯胶黏剂在木材工业中的应用具有多方面的意义，国家实施"天然林保护工程"后，木材加工原料发生了根本性变化，速生材、小径木、劣质木、抚育间伐材将成为主要木材加工原料，同时麦秸、稻秸等农业剩余物将成为替代资源。甲醛系胶黏剂已不能完全满足这些材料的制备工艺。异氰酸酯胶黏剂具有很高的反应活性，将其用于木材加工，可以实现"以植代木、劣材优用、小材大用"。将异氰酸酯胶黏剂作为木材胶黏剂使用，可彻底解决游离甲醛与游离酚污染环境的问题，制得高强度、高耐水性的优质板材，可大幅度降低胶黏剂的用量、缩短热压周期、提高生产效率，尤其是对普通树脂胶黏剂难于胶接的农产品剩余物，如麦草、稻草、稻壳等具有良好的胶接性能。目前，异氰酸酯胶已在刨花板（包括普通刨花板、水闸板）、复合板、层积材及人造板二次加工等生产中进行了工业性试验，结果表明，异氰酸酯胶黏剂具有多方面的优良性能，因此，它可以用在一般胶种不适用的地方。

四、实验仪器及试剂

仪器：四口烧瓶，恒温水浴锅，搅拌器，球形冷凝管，温度计，恒压滴液漏斗，电子分析天平，KXC1-MW28 型超声波发生器，MHR-01 型微波发生器，T-20A 型万能实验机，NDJ-7 型旋转式黏度计，Pyrisl TGA 热分析仪，傅里叶变换红外光谱仪，核磁共振仪 Broker AV400MHz，Agilent Technologies 6850N 反相气相色谱仪，酸式滴定管，移液管，磁力搅拌器，pH 测定仪，热压机，圆台锯等。

试剂：聚乙酸乙烯酯-N-羟甲基丙烯酰胺（PVAc-NMA）乳液，土豆淀粉，乙酰淀粉，聚乙酸乙烯酯。

五、实验步骤

水性高分子异氰酸酯胶黏剂主剂的制备：主要采用合成的乳液为连续相，以原淀粉或乙酰淀粉为填料，并加入一定量的助剂，在 40℃温度下进行共混而制得。本实验主要制备了以下四种类型的水性高分子异氰酸酯胶黏剂主剂。

主剂一：将一定比例的乙酰淀粉分散液加入 PVAc-NMA 乳液中，并添加助剂，在 40℃下用高速搅拌机搅拌均匀，即得 API 胶主剂。

主剂二：将一定比例的乙酰淀粉分散液加入 PVAc 乳液中，并添加助剂，在 40℃下用高速搅拌机搅拌均匀，即得 API 胶主剂。

主剂三：将一定比例的原淀粉分散液加入 PVAc-NMA 乳液中，并添加助剂，在 40℃下用高速搅拌机搅拌均匀，即得 API 胶主剂。

主剂四：将一定比例的原淀粉分散液加入 PVAc 乳液中，并添加助剂，在 40℃下用高速搅拌机搅拌均匀，即得 API 胶主剂。

将上述的水性高分子异氰酸酯胶黏剂主剂和未经封闭的固化剂 PAPI 按 100：（9～15）的配比加入烧杯中，室温下用搅拌机快速搅拌混匀，即得水性高分子异氰酸酯胶黏剂。

六、注意事项

室温下用搅拌机搅拌时，一定要快速，从而使其搅拌混匀。

七、思考题

（1）简述异氰酸酯胶黏剂的制备原理。

（2）查阅资料，简述异氰酸酯胶黏剂有哪些用途。

实验 59　异氰酸酯胶黏剂性能的检测与分析

一、实验目的

（1）掌握异氰酸酯性能的测试方法。

（2）了解相关仪器的操作步骤。

（3）学习异氰酸酯相关性能指标的计算方法。

二、预习要求及操作要点

（1）提前学习相关仪器的使用方法。

（2）预习异氰酸酯胶黏剂性能的测量标准与测量方法。

三、实验原理

随着技术进步和社会需求的扩大，异氰酸酯胶黏剂的主剂由原来的水溶液扩展到聚乙酸乙烯酯等多种乳液和胶乳，并且其他一些耐水性、耐热性、耐候性等助剂和各种不同交联剂的出现，使其获得了巨大的发展和进步。所以，对其性能的测试变得越来越重要。

四、实验仪器及试剂

仪器：四口烧瓶，恒温水浴锅，搅拌器，球形冷凝管，温度计，恒压滴液漏斗，电子分析天平，KXC1-MW28 型超声波发生器，MHR-01 型微波发生器，T-20A型万能实验机，NDJ-7 型旋转式黏度计，Pyrisl TGA 热分析仪，傅里叶变换红外光谱仪，核磁共振仪 Broker AV400MHz，Agilent Technologies 6850N 反相气相色谱仪，酸式滴定管，移液管，磁力搅拌器，pH 测定仪，热压机，圆台锯等。

试剂：不同制备方法得到的水性高分子异氰酸酯。

五、实验步骤

1. 水性高分子异氰酸酯胶黏剂活性期的测定

活性期是指在胶液配制后能维持其可用性能的时间。活性期的长短决定了胶液使用时间的长短，也影响加压等工艺操作。活性期在很大程度上受温度的影响，本实验活性期的测试温度为 25℃。具体操作步骤：将 API 主剂和 PAPI 共混后，暴露在空气中，静止搅动，观测胶液多长时间失去流动性。

2. 水性高分子异氰酸酯胶黏剂固体含量的测定

按照 GB/T 2793—1995 采用称量法进行测试，称取 1～2g 乳液样品，放入已恒量的锡纸盒中，在 105℃ 的烘箱中，烘至恒量，称量，计算乳液的固体含量。

$$X=m-m_1$$

式中，X 为不挥发物质量；m_1 为加热后试样的质量，g；m 为加热前试样的质量，g。

3. 水性高分子异氰酸酯胶黏剂黏度的测定

按照 GB/T 10247—2008 采用 DNJ-7 型旋转式黏度计测量黏度。

4. 水性高分子异氰酸酯胶黏剂 pH 的测定

按照 GB/T 14518—1993 对水性高分子异氰酸酯胶黏剂的 pH 进行测定。

六、注意事项

（1）活性期的观测受温度的影响很大，因此必须在 25℃ 观测胶液多长时间失去流动性。

（2）烘干时，一定要放入已恒量的锡纸盒中加以保护。

七、思考题

（1）计算水性高分子异氰酸酯胶黏剂的活性期。

（2）计算水性高分子异氰酸酯胶黏剂的固体含量。

（3）计算水性高分子异氰酸酯胶黏剂的黏度及 pH。

参 考 文 献

白钢，李丽萍. 2014. 阻燃抗静电木粉-聚丙烯复合材料的制备与性能研究. 北京林业大学学报，36（3）：136-141.

北京大学化学系高分子化学教研室. 1983. 高分子物理实验. 北京：北京大学出版社.

布劳恩 D，切尔德龙 H，克恩 W. 1981. 聚合物合成和表征技术. 黄葆同译. 北京：科学出版社.

曹同玉，刘庆普，胡金生. 1997. 聚合物乳液合成原理性能及应用. 北京：化学工业出版社.

程能林. 2002. 溶剂手册. 3 版. 北京：化学工业出版社.

邓云祥，林华玉，马卿云，等. 1991. 新引发剂体系 AlCl$_3$/活化剂/电子给体对 α-蒎烯聚合作用的研究（Ⅱ）——聚合产物及聚合机理的研究. 高等学校化学学报，12：1414.

杜奕. 2008. 高分子化学实验与技术. 北京：清华大学出版社.

方亮晶. 2014. 新型光响应性偶氮苯功能高分子材料的合成及其性能研究. 天津：南开大学博士学位论文.

冯蕴华. 2000. 有机化学实验. 北京：化学工业出版社.

复旦大学高分子科学系高分子教研室. 1995. 高分子化学. 上海：复旦大学出版社.

复旦大学化学系高分子教研组. 1996. 高分子实验技术. 上海：复旦大学出版社.

郭垂根，陈永祥，白钢，等. 2012. 改性炭黑/膨胀石墨/聚磷酸铵阻燃木塑复合材料的性能研究. 材料导报 B（研究篇），29（4）：68-73.

郭宁. 2014. 蒙脱土/环氧树脂纳米复合材料结构形态与介电性能机理研究. 哈尔滨：哈尔滨理工大学硕士学位论文.

韩明轩. 2016. 新型含磷阻燃剂 DOPO-PPO 的合成及其阻燃性能. 合成化学，2：98-101.

韩哲文. 2005. 高分子科学实验. 上海：华东理工大学出版社.

何曼君，陈维孝，董西侠. 1988. 高分子物理（修订版）. 上海：复旦大学出版社.

何曼君，张红东，陈维孝，等. 2007. 高分子物理. 3 版. 上海：复旦大学出版社.

何曼君. 2000. 高分子物理. 上海：复旦大学出版社.

何天白，胡汉杰. 1997. 海外高分子科学的新进展. 北京：化学工业出版社.

何卫东. 2003. 高分子化学实验. 合肥：中国科学技术大学出版社.

何卫东，金邦坤，郭丽萍. 2012. 高分子化学实验. 2 版. 合肥：中国科学技术大学出版社.

胡爱琳. 2002. 超低黏度羧甲基纤维素的合成. 合成化学，6（25）：554-556.

胡丽霞. 2010. 脂肪-芳香族共聚酯合成过程的反应动力学研究. 杭州：浙江大学硕士学位论文.

黄林琳. 2007. PA6/蒙脱土复合材料阻燃性能及阻燃机理的研究. 青岛：青岛科技大学硕士学位论文.

黄異. 2014. 脱醇型室温硫化硅橡胶的制备与改性研究. 武汉：武汉工程大学硕士学位论文.

蒋序林，王晓瑞，黄瑞芳. 1995. 高分子化学实验. 上海：上海交通大学出版社.

金关泰. 1995. 高分子化学的理论和应用进展. 北京：中国石化出版社.

拉贝克 J F. 1987. 高分子科学实验方法物理原理与应用. 吴世康，漆宗能等译. 北京：科学出版社.

李海超. 2004. 原位聚合制备聚丙烯/蒙脱土纳米复合材料及其结构性能表征. 高分子材料科学与工程，20（2）：185-187.

李健，刘雅南，刘宁，等. 2014. 羧甲基纤维素的制备研究及应用现状. 食品工业科技，8（35）：379-382.

李青山，王雅珍，周宁怀. 2003. 微型高分子化学实验. 北京：化学工业出版社.

李青山. 2009. 微型高分子化学实验. 2 版. 北京：化学工业出版社.

李外，赵雄虎，李一辉，等. 2013. 羧甲基纤维素制备方法及其生产工艺研究进展. 石油化工，42（6）：693-702.

李赢. 2015. 稻壳基羧甲基纤维素的制备与其制膜性能研究. 中国食品学报，15（12）：55-59.

李允明. 1996. 高分子物理实验. 杭州：浙江大学出版社.

梁晖，卢江. 2004. 高分子化学实验. 北京：化学工业出版社.

刘承美，邱进俊. 2008. 现代高分子化学实验与技术. 武汉：华中科技大学出版社.

刘建超. 2015. 疏水聚磷酸铵及耐水 IFR-PP 复合材料性能研究. 哈尔滨：东北林业大学硕士学位论文.

刘建平，郑玉斌. 2005. 高分子科学与材料工程实验. 北京：化学工业出版社.

刘山昆，马涛，王广萍，等. 2004. Ce^{4+}引发丙烯酸甲酯在玉米淀粉上接枝共聚反应的研究. 化学与黏合，（3）：136-139.

刘益军. 2011. 聚氨酯树脂及其应用. 北京：化学工业出版社.

鲁德中，巫拱生，胡英模，等. 1988. 丙烯酰胺与玉米淀粉接枝共聚物的合成及其对含石油废水的处理. 吉林大学自然科学学报，1：81-85.

吕少一，召陌强，王飞俊，等. 2008. 不同碱金属氢氧化物对纤维素羧甲基化的影响. 应用化工，37（8）：921-929.

南京大学化学系高分子合成材料教研室. 1983. 高分子物理化学实验. 南京：南京大学出版社.

倪才华，陈明清，刘晓亚. 2015. 高分子材料科学实验. 北京：化学工业出版社.

潘祖仁. 2007. 高分子化学. 4 版. 北京：化学工业出版社.

庞强. 2012. 光响应性聚合物空心微球及偶氮苯修饰氧化石墨烯的制备. 上海：复旦大学硕士学位论文.

邱建辉. 2008. 高分子合成化学实验. 北京：国防工业出版社.

曲荣君. 2008. 材料化学实验. 北京：化学工业出版社.

芮英宇. 2011. 丙烯酸酯无皂乳液聚合体系的研究进展. 化工科技，19（5）：65-68.

山下晋三，金子东助. 1990. 交联剂手册. 纪奎江，刘世平译. 北京：化学工业出版社.

尚小琴，梁红，郑成，等. 2001. Ce^{4+}引发体系对淀粉接枝共聚反应的影响研究. 化学世界，（5）：245-247.

施良和. 1980. 凝胶色谱法. 北京：科学出版社.

孙才英，马丽春，李丽萍，等. 2011. 木粉含量对木粉-PP 复合材料的热性能与燃烧性能的影响. 燃烧科学与技术，17（5）：388-393.

孙尔康，张剑荣. 2014. 高分子化学与物理实验. 南京：南京大学出版社.

孙放，汪茫，朱红军，等. 1987. 聚氧乙烯大分子单体的合成和应用（Ⅱ）——以烯丙基端基聚氧乙烯大分子单体为中间体，聚丙烯酸-g-聚氧乙烯共聚物的制备. 高等学校化学学报，（7）：88-93.

孙放，吴兰亭，杨士林. 1987. 聚氧乙烯大分子单体合成和应用（Ⅰ）——烯丙基端基聚氧乙烯大分子单体的合成和表征. 高等学校化学学报，（2）：89-94.

孙放，杨士林. 1988. 甲基烯丙基端基聚氧乙烯大分子单体的合成及与苯乙烯阳离子共聚的研究.

浙江大学学报（自然科学版），（4）：98-105.

孙汉文，王丽梅，董建. 2012. 高分子化学实验. 北京：化学工业出版社.

田丰. 2008. 光响应性聚合物微球的制备与表征. 上海：复旦大学硕士学位论文.

王贵恒. 1995. 高分子材料成型加工原理. 北京：化学工业出版社.

王国建，肖丽. 1999. 高分子基础实验. 上海：同济大学出版社.

王建国. 2004. 高分子合成新技术. 北京：化学工业出版社.

王建新，娄春华，王雅珍. 2009. 高分子科学实验教程. 哈尔滨：哈尔滨工业大学出版社.

王世敏，许祖勋，傅晶. 2002. 纳米材料制备技术. 北京：化学工业出版社.

王雅珍. 2009. 高分子科学实验教程. 哈尔滨：哈尔滨工业大学出版社.

吴承佩，周彩华，栗方星. 1987. 高分子化学实验. 合肥：安徽科学技术出版社.

吴德峰. 2002. 原位接枝插层聚合制备聚丙烯-蒙脱土纳米复合材料的研究. 合肥：合肥工业大学硕士学位论文.

吴智华. 2004. 高分子材料加工工程实验教程. 北京：化学工业出版社.

须藤俊男. 1981. 黏土矿物学. 严寿鹤等译. 北京：地质出版社.

徐国斌. 1996. 高分子实验技术. 上海：复旦大学出版社.

徐永祥，高彦芳，郭宝华，等. 2004. 乙酸乙烯酯乳液聚合的研究进展. 石油化工，33（9）：885.

许长清. 1991. 合成树脂及塑料手册. 北京：化学工业出版社.

殷勤俭，周歌，江波. 2012. 现代高分子科学实验. 北京：化学工业出版社.

尹奋平，乌兰. 2015. 高分子化学实验. 北京：化学工业出版社.

于红军. 2005. 高分子化学及工艺学. 北京：化学工业出版社.

张德震，欧国荣. 1998. 高分子科学与工程实验. 上海：华东理工大学出版社.

张怀志. 2007. 转矩流变仪在高分子材料研究中的应用. 炼油与化工，18（1）：32-35.

张建丽，迟长龙. 2008. 苯乙烯悬浮聚合粒度的控制. 河南工程学院学报（自然科学版），20（1）：57.

张镜吾，程发，李东立，等. 1994. 溶剂种类及组成对纤维素羧甲基化反应的影响. 高分子学报，3：359-363.

张庆春，李战胜，唐萍. 2014. 高分子化学与物理实验. 大连：大连理工大学出版社.

张兴荣，李齐方. 2007. 高分子科学实验. 2版. 北京：化学工业出版社.

张兴英，程珏，赵京波. 2000. 高分子化学. 北京：中国轻工业出版社.

张兴英，程珏，赵京波. 2008. 高分子化学. 2版. 北京：化学工业出版社.

张玥，梁晖，卢江. 2010. 高分子化学实验. 北京：化学工业出版社.

赵翠峰. 2007. 加成型室温硫化硅橡胶的制备. 浙江大学学报，41（7）：1219-1222.

赵德仁，张慰盛. 1997. 高聚物合成工艺学. 2版. 北京：化学工业出版社.

赵红振，齐暑华，周文英，等. 2006. 紫外光固化涂料的研究进展. 化学与黏合，28（5）：353-357.

赵华山. 1982. 高分子物理学. 北京：纺织工业出版社.

赵殊，李丽萍. 2011. 高分子科学实验. 哈尔滨：东北林业大学出版社.

赵妍. 2012. 聚丙烯酸酯无皂乳液的研制与应用. 西安：西安工程大学硕士学位论文.

郑昌仁. 1986. 高聚物相对分子质量及其分布. 北京：化学工业出版社.

郑震，郭晓霞. 2016. 高分子科学实验. 北京：化学工业出版社.

中国科技大学高分子物理教研室. 1981. 高聚物的结构与性能. 北京：科学出版社.

周其凤，胡汉杰. 2001. 高分子化学. 北京：化学工业出版社.

周诗彪，肖安国. 2011. 高分子科学与功能实验. 南京：南京大学出版社.

朱志博. 2003. 甲基丙烯酸甲酯/丙烯酸丁酯无皂水性涂料的研究. 华南师范大学学报，1：71-75.

Almog Y，Reich S，Levy M. 1982. Monodisperse polymeric shperes in the micron size range by a single step process. Polymer International，14：131.

Collins E A. 1983. 聚合物科学实验. 王盈康，曹维孝译. 北京：科学出版社.

Ottewill R H. 1997. Emulsion Polymerization and Emulsion Polymers. New York：Wiley.

Stevens M P. 1999. Polymer Chemistry. 3rd ed. New York：Oxford University Press.